CONFIDENCE

Transform the way you feel so you can achieve the things you want

自信力

成为最好的自己

Third Edition

第3版

[英] 罗布·杨(Rob Yeung) 著　寇彧 译

人民邮电出版社

北　京

图书在版编目（CIP）数据

自信力：成为最好的自己：第3版 / （英）罗布·杨（Rob Yeung）著；寇彧译. -- 北京：人民邮电出版社，2018.1（2023.1重印）
ISBN 978-7-115-47354-7

Ⅰ. ①自… Ⅱ. ①罗… ②寇… Ⅲ. ①自信心－通俗读物 Ⅳ. ①B848.4-49

中国版本图书馆CIP数据核字(2017)第290581号

内 容 提 要

　　自信是人生成功与幸福的先决条件，然而缺乏自信却是普遍存在的问题。为了帮助人们建立自信，本书通过生动的案例和条理清晰的论述，结合运动心理学和积极心理学原理，总结出了大量实用技巧和练习，以"做什么"和"不做什么"的简单结构来帮助读者树立自信，在生活中收获更多美好。

　　本书适合所有希望具备强大自信心和对心理学感兴趣的读者阅读。

　◆　著　　[英]罗布·杨（Rob Yeung）
　　　　译　　寇　彧
　　责任编辑　姜　珊
　　执行编辑　董晓茜
　　责任印制　焦志炜

　◆　人民邮电出版社出版发行　　北京市丰台区成寿寺路 11 号
　　邮编　100164　电子邮件　315@ptpress.com.cn
　　网址　http://www.ptpress.com.cn
　　北京天宇星印刷厂印刷

　◆　开本：880×1230　1/32　　　插页：1
　　印张：10.75　　　　　　　　2018 年 1 月第 1 版
　　字数：129 千字　　　　　　　2023 年 1 月北京第 20 次印刷
　　著作权合同登记号　图字：01-2013-0786 号

定价：49.00 元

读者服务热线：(010) 81055656　　印装质量热线：(010) 81055316
反盗版热线：(010) 81055315
广告经营许可证：京东市监广登字 20170147 号

《自信力》 第3版序

自信、自尊、自我信念、积极的自我形象，这些实质上都是一样的。如果你渴望变得更加自信，那么本书很适合你。

现在摆在你面前的这本书是经过修订的第3版。我希望你不仅可以收获自信，而且可以快速地获得自信。毕竟一刻千金，谁有时间耐心等待？

如果你是已经购买了第1版或第2版的众多读者之一，你可能会想这一版本有什么新的内容？

• 本书新增了一章来论述如何让自己远离令人不安的想法和不愉快的感受（第3章）。

• 本书在第2章增添了一个重要的板块来阐述如何处理过度的担忧。

• 本书在第2章中的第60页"自信力助推器"一栏中还增加了一项被称为"尽力去做"的问题解决策略，帮助你应对可能出现的会让你沮丧或退缩的问题和挑战。

• 本书增加了"挑战等级"。每一个练习和自信力助推器都被评估为初级、中级或高级。当然，更具挑战性的被评为中级或者高级的技术，将会帮助你快速了解你可以如何开始和不断取得进步。我会向你描述如何使用每种技术以获得最好的效果。

如果你是第3版的读者，请允许我解释一下前两版。我喜欢写第1版的《自信力》，但我当时还没有预料到它会大受欢迎。几个月来，它一直在畅销书榜上居于前列，我收到了来自全球许多读者的电子邮件。他们告诉我他们如何使用《自信力》一书所提及的技术来增强他们的信心，在某些情况下，这些技术彻底改变了他们的生活。他们还告诉我他们找到了新工作，遇到了新的合作伙伴，解决了曾让他们崩溃的难题，取得了让他们感到自豪的成就等。

在第2版中，我回应了读者给予的建设性批评。作为心理学家，我认为建设性批评是一种礼物。如果一个人不喜欢你而不想让你成功，他可以做的最好的事情是对你冷漠相待，什么都不说。批评能够使我们明确什么是无用的，什么可能是更好的。所以我在第2版中添加了新的内容，使其成为更完美的书，希望能帮助更多读者增加信心，抓住更多机会，最终在生活中获得更多成就。

现在我为大家呈上第3版。在这一版中，我添加了一些新的技巧和练习。我还试图更快地直入主题，论述重点，所以你也能更快地掌握本书的重要内容，并从中获得益处。

你可以在网上找到此版本的一系列章节。第一部分为你提供了发展长期自信的计划，第二部分的内容简练，介绍了在具体情况下如何增强自信。其中一些章节（见231页）能帮助你成为一名更自信的公众演讲者，使你更自如地应对社交场合。如果你想下载其他资料，请参见本书后面提供的详细资料。

如果你能想到任何你希望变得更加自信的情况，请给我发消息！你可以通过推特（我的推特账号：@robyeung）与我联系。

自信的人能享受到更多的生活乐趣。他们能赚更多的钱，享受更加充实的人际关系，体验到更有意义的人生。值得庆幸的是，如果我们准备做出小的改变并对自己进行投资，那我们就可以变得更加自信，取得更多成就。让我们开始吧！

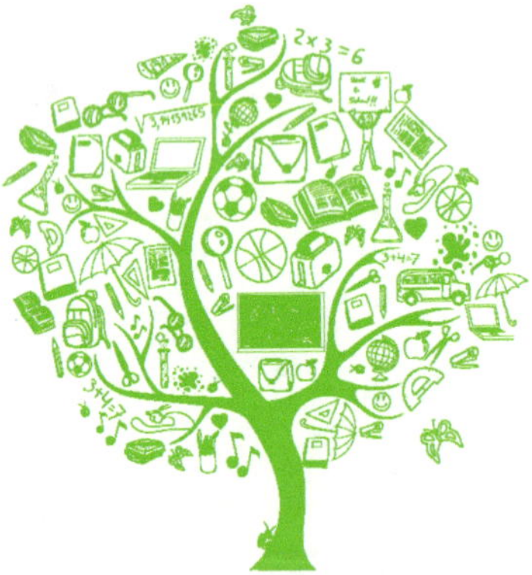
2×3=6

译者序

人们在社会生活中的一个重要目标就是获得自信，谁不想成为自信的人呢？

由于职业的原因，经常会有朋友、学生和学生家长向我咨询有关建立自信的问题。例如，有的人因为自己不敢在众人面前演讲而感到困惑，他们在面对听众时会感到手足无措，面红耳赤；有的人甚至连跟陌生人说话都会感到窘迫，在面对自己心仪的人时，也不敢发出约会的邀请，更不敢表达自己内心的真实想法；有的人对自己目前的工作感到不满，却没有信心去改变，不能勇敢地追求更适合自己的职业；有的人很难和同事打成一片，不敢在会议上发言，因此无法获得工作和生活乐趣；有的人在与他人发生冲突时，不知如何是好，也不知道该怎样表达自己的态度和立场，如何坦荡地通过与人沟通来解决冲突；有的人对自己的身体感到不满，因而不敢外出，不敢见人，整天"宅"在家里；有的人每天都在反省自己的不足，每天都在下决心改变自己，但还是一切如初……诸如此类的问题还有很多。这些问题的确是人们在生活中难免会遇到的，也确实给我们带来了困惑和不安，引起了我们的焦虑和郁闷的情绪。深入地想一想，其实，导致上述问题的根源是我们缺乏自信力。由于没有自信力，我们才会害怕与人沟通，才会在工作和生活中退缩，才会对环境过分敏感，才会办事拖拉，才会陷于痛苦中无法自拔。而自信的人就能更好地处理生活中的诸多问题，使自己的人生精彩纷呈。

《自信力》是一本能帮你提升自信的好书。作者罗布·杨教授现在是一位享誉全球的资深心理培训专家，但他也曾是一位因缺乏自信而饱受折磨的人。可喜的是，他根据最前沿的心理学知识，运用精湛的心理培训技巧，从缺乏自信的人的需求出发，写成了这本书。所以，这本书可以使自信水平不尽相同的人都能从中获益。但《自信力》并不是一本教科书，而是一本实用手册。全书分为两个部分：作者在第一部分中通过7个章节介绍了如何建立受用一生的自信力，以应对未来的人生；在第二部分中，作者通过8个具体的社会生活情境，来帮助人们克服常见的苦闷或困惑，有针对性地提升自信力。

《自信力》的确给我们介绍了很多知识，但提升自信力却绝不仅限于了解知识，更重要的是要通过反复的练习，形成自信的态度和行为方式，所以这是一个漫长的、需要持之以恒的过程。在阅读这本书的时候，我们不能只限于"阅读"书中的内容，更重要的是"做"书中的各项练习，每天投入几分钟来实践书中谈到的实用技巧。但是，建立自信不能完全依赖于"学习"，关键还是在日常生活中运用从书中学到的知识和技巧。日积月累，你就会成为充满自信的人了。

　　这本书是由我的一些学生初译，最后由我审校定稿的。参加这本书翻译的学生有：白宝玉、张兰鸽、黄玉、傅鑫媛、余俊宣、李征。他们在翻译这本书的过程中都感到受益匪浅，认为这本书对他们的学习态度和生活技能都产生了一定的影响。今天，我非常高兴能有机会将这本好书介绍给广大读者，希望有更多的人能够从这本心理自助类的书中获益。

寇彧教授

北京师范大学心理学院

目录

1

第二部分　生活处处皆自信

目录

3

引言

　　想要改变你的生活、拥有惊人的自信心吗？当然！你绝对可以做到这一点，因为不论你目前的自信程度如何，你的自信仍然有提升的空间。

　　如果说绝大多数人都是自信的，那么这只是一个美好的愿望而已。事实上，很多人都希望自己能够更自信一些。有些外表看上去自信满满的人，内心却可能非常紧张不安；有些在工作中很有自信的人，在约会时却有可能很羞涩；有些人在聚会上表现得很自信，却在做报告发言的时候六神无主、慌里慌张。因此，你想变得更自信，首先要明白自己并不孤单，因为并不是只有你才这么想，很多人都是这么想的。

　　自信不是生来就有的，也不是生来就没有的，更不是什么永不会变的人格特质，所以任何人都能变得更自信，而且在任何年龄阶段，我们都可以通过采取新的行为方式和策略来培养自信心。无论你是 18 岁还是 88 岁，你都可以学习、成长并最大限度地发挥出自己的潜能。如果你已经拥有在此过程中所需的资源，那就再好不过了。但是如果没有，你也无须担心，因为我写这本书的目的就是帮助你在自己身上发掘并利用这些宝贵的资源。

你是否感到自己在面对特殊的情境（如你需要当众发表演说、和某个人约会、参加考试或者面试）时不够自信？你是否认为自己应该更自信地去结束一段破碎的感情？你是否觉得生活中有许多问题都要求你必须更加自信才行？但其实，你只是稍微对某些特定的情形感到焦虑而已，或者只是被自我怀疑和无端的恐惧感束缚住了手脚。别担心，这本书涵盖了许多简单、实用的技巧和练习，可以帮助你有效地提升自信，让你在工作和生活中受益匪浅。

这是一本实用的书

为了帮助你成为更好、更自信的自己，我在书中提供了许多技巧、建议和经过科学论证的练习。我把自己从认知行为疗法、运动心理学、神经语言学和积极心理学等各个领域当中所汲取到的精华也一并收录进本书。可以毫不夸张地说，本书的一些内容非常前沿，当你翻开这本书时没准它才刚刚问世。不过，你不必担心这些内容读起来会很晦涩难懂，因为我只呈现给大家最实用的东西。

我只呈现有用的东西是因为这些年来关于自信的书实

在是多如牛毛，但多数却没有什么实际意义，我对此感到非常失望，而且担心有些所谓的"生活教练"会教给大家一些松散、琐屑的理念，而这些理念对于提高自信心并没有长久的效果。当然，在他们提供的技巧中，也有一些能让人在数天甚至数周内都能保持良好的自我感觉，但这些技巧能一直发挥作用吗？答案是：不能。

本书不落窠臼，不是只有虚言。书中提到的技巧已经被全世界的学者和实践者多次使用，并被证明是有效的，而且可以帮助你改善工作表现。

无论你是只打算尝试一次本书中提到的练习，还是会反复实践"自信力助推器"里的技巧，你都要注意做好笔记。完成这些练习并尝试过这些技巧后，你将不但能学会如何为自己塑造一个更加自信的形象，还能学到如何改变自己的思维方式，甚至会改变自我认识和世界观。

我也曾经和你一样害怕

作为一名心理学家和曾经因恐惧而备感苦恼的人，我完全相信自信是可以塑造出来的。当我还是个小孩子的时候，我极度害怕在公开场合讲话。哪怕只是对着一小群人讲话，我的身体都会出现剧烈反应——干呕，甚至呕吐。我太害怕在公开场合讲话了，所以常常装病来逃避这件事。但尽管如此，后来经过训练，我还是爱上了在成百上千位观众面前做演讲这件事，而且就像我在 BBC、CNN 新闻和《老大哥》等节目上那样，我现在可以面对电视机前的数百万观众，在直播间的聚光灯下神采奕奕地讲话了。

做到这一点并不是因为我比较特殊，而是因为像我这样一个曾经因为缺乏自信而饱受折磨的普通人通过对某些技巧的利用和掌握而提升了自信心而已。因此我想说的是，既然我都可以做到，你也一定可以！

自信不是纸上谈兵

不论你的自信心目前处于什么水平，我敢保证，只要你每天投入几分钟的时间练习本书提供的技巧，你的自信心就能飞速提升，你也能瞬间感到更放松、更有活力。如果长期坚持下去，你还能培养出坚不可摧的自信，这足以让你应对任何事情。但要想从这本书中最大限度地汲取养分，你不能只是读完就把它扔在一边，你必须实际做一做书中所提供的技巧练习。只有这样，这本书才能真正帮助你提升自信，收获更美满、更成功的人生。

虽然足球教练可以训练他的球员，为球队提供战术，但最终比赛时也只能寄希望于球员们在球场上的临场发挥。所以，你可以把我当成你的自信力训练师，但我的工作只是给你提供经过科学论证的前沿技巧和练习，最终人生这场球赛是赢是输只能全靠你自己的表现。

请按照你自己的步调来实践这些练习和技巧。无论你是想一气呵成，还是想细细品读感兴趣的章节，都取决于你自己。但是，阅读和品味这本书的思想与将这些思想应用到实际生活中是两回事。所以，你一定不能忽略书中那些有趣的互动练习，要认真思考，落实到笔头，行动起来。

理解书中的原理和使用这些原理也完全是两回事。因此，每看到一个练习就请认真完成它，然后再继续下一个练习。每学到一个新的技巧，你也要找时间把它运用到日常生活中。越是实践这本书中的练习，在书页空白处及时记下自己的想法，标出对自己有强烈影响的段落并记录下自己想反复尝试的技巧，你就会越自信。

纸上谈兵不可取，身体力行才重要！

花时间练习

本书提供了很多练习和增强自信力的技巧，能助你一臂之力。你需要勤加练习，掌握不同的技巧。例如，第 2 章提到的技巧就像学习一门外语一样，第 3 章提到的是一组不同的技巧，有点像学习驾驶汽车，第 4 章是另一套技巧，就像学习演奏乐器。

你可以同时尝试练习本书提到的所有技巧——每天学一个小时的外语（如西班牙语），然后花另一个小时学习驾车，再花一个小时练钢琴。但这将是负担沉重的任务。

一个更好的策略是一次只读一章，熟悉其中提及的概念，练习其中提及的技巧。你需要练习几周甚至几个月来确保自己掌握了这一章的内容，然后再转向下一章。

你能有多少收获与你投入本书的精力成正比。所以，现在请你深入思考你的情况：你想从本书中得到什么？

自信力行动派

是什么原因促使你翻开这本书的？

既然自信和行动息息相关，那么现在就请你将想要达成的目标写在一张纸上，或者就写在这本书的空白处，用几句话说明你想从本书中取得的收获，你想在哪些方面变得更自信。

许多人都希望自己在下列领域变得更自信，我将它们一一列出来，你可以在符合自身情况的条目后面打钩。

参加驾照考试	☐	变得更坚定、更果断	☐
与某个人约会	☐	在公开场合演讲	☐
寻找机遇、勇于冒险	☐	跳槽	☐
直面别人的批评意见	☐	结交新朋友	☐
学习新技能	☐	应对挫折	☐
开始或结束一段感情	☐	申请加薪	☐
和同事、顾客打交道	☐	改变生活	☐
给面试官留下好印象	☐	参加考试	☐
摆脱糟糕的处境	☐	接受称赞	☐

在学术会议上建立关系网	☐	养儿育女	☐
摆脱创伤、恢复精力	☐	学会当众说"不"	☐
减肥或健身	☐	克服恐惧感和焦虑感	☐

请自由选用本书内容

本书分为两部分。第一部分讲述如何建立受用一生的自信。无论你现在多么不自信，都能在这一部分中领悟到建立自信希望犹在这个道理。通过练习，你还将发掘出自己的潜能和资源，以及应对所有情形的诀窍。

第二部分不同于第一部分，它重在具体解决让许多人感到畏惧的问题。针对以下八个方面的问题，我还提出了不同的实用建议：

☺ 流畅地做报告和演讲（第9章）；

☺ 结识新朋友，成为自信又健谈的人（第10章）；

☺ 邀约心仪的对象（第11章）；

☺ 打造职场自信心（第12章）；

☺ 在面试中展现完美自我（第13章）；

☺ 改变"旧"我，创造"新"我（第14章）；

☺ 学会理智地处理冲突（第15章）；

☺ 改善健康状况，重塑健美身材（第16章）。

第17章"将自信进行到底"为第二部分的结尾。在这一章里，我将向你传授应对焦虑、提升自信最迅速的方法和技巧。如果以上这些主题挑起了你的兴趣，那么先跳过第一部分也无妨。

路在脚下，梦在前方

我衷心希望你能好运连连，但事实上你并不需要凡事都依靠运气，因为命运掌握在你自己手中。成功与否只取决于你是否决心采纳本书的建议。

获得强大的自信力其实就是这么简单！所以细细品味这本书吧！另外，你也可以通过我的网站 www.robyeung.com 和我分享你的成功体验。

准备好了吗？让我们开始重塑自信的奇幻之旅吧！

罗布·杨教授

第一部分

自信力成就最好的自己

罗布·杨教授

你觉得自己够自信吗？

平时还可以，但很害怕在公开场合讲话。

罗布·杨教授

如果必须那样做呢？

我会尽量回避在公开场合讲话的机会。

罗布·杨教授

错过让大家认识自己的好机会，难道不觉得可惜吗？

谁让我不是那种什么事都能应对自如的人呢！

罗布·杨教授

也许再自信一点，你就不会这么想了。

第1章
你不够自信，所以必须做点什么

想到就能做到。

——克莱门特·斯通，企业家，慈善家

一谈到自信，你会想到什么？你可能想到了自信就是一个人的举止；想到了某个自信的人；想到了他们开怀大笑、慷慨陈词、在面试中得心应手、过关斩将的样子；或许你还想到了他们可以与素不相识的人打成一片，他们的所做所为充满传奇色彩，即使成为众人瞩目的焦点也依然怡然自得，等等。

但是，人们通常想到的这些只是自信的外在表现而已。对自信更准确的诠释，则是自信所能够帮助人们实现的目标。很多人虽然自信却很低调，不太引人瞩目却能征服生活中的挑战，实现自己的目标。这就是自信的主要含义：帮助人们实现目标。

自信的人能够：

☺ 抓住新的机遇；

☺ 应对挫折，并迅速从打击中恢复过来；

☺ 应对新环境、新困难和新机遇，把这些看作是需要面对和克服的挑战，而不是唯恐避之不及的威胁；

☺ 主动做出改变而不是寄希望于他人或环境自动发生变化；

☺ 坚持不懈地实现自己的长远目标，哪怕是在感到焦虑、苦恼和害怕的时候，依然如此。

其实，从上述几点可以看出，自信的人也未必总是自我感觉良好，因为他们有时也会感到害怕和不知所措。自信的人会为工作中的事情而烦恼，也会为生活中遇到的麻烦而感到焦虑。但是，自信的人和不自信的人之间的区别，并不在于害怕或焦虑的程度，而在于如何忍耐并不受影响地面对自己的处境。这正是你可以通过自信来实现的事。那么，到底什么是自信力呢？人们怎样才能更自信呢？

关于自信的几个"冷知识"

让我们来给自信力下个定义吧。我认为自信力就是"做出恰当而有效的行动的能力，并且时刻都愿意挑战自我"。自信并不意味着人不会感到害怕，而是无论感觉如何，自信都能帮助我们克服那些消极的感受，一如既往地采取有效行动。因此，自信就是指人们能够按照自己的长远目标在短期内坚持做自己该做的事，即使暂时有些不适应也在所不惜。

当然，某个情境或任务还是会让你感到气馁。但是，学会为了实现长远目标而管理这些消极情绪正是获得自信力的过程。例如，你现在虽然因为要参加考试或者面试而感到非常焦虑，但你无论如何都必须去做这些事，因为你的目标就是获得成功。再如，你虽然害怕在公开场合发言，但必须咬紧牙关去做，因为只有这样才能让你的事业更上一层楼。或许你不喜欢和人接触，不知道如何面对别人的拒绝，不愿肯定自己，不敢主动发展或结束一段关系等，不论是以上哪种情况，你都应该训练自己硬着头皮去做这些事，因为从长远来看，这样做会让你更幸福。

其实并不是只有你才会感到紧张，有许多人都和你一样。毫不夸张地说，大部分人都有紧张的时候，甚至在接到硬性任务的时候会惊慌失措。因此，获得自信力的关键在于不让情绪阻碍你采取行动，而要克服万难、勇往直前。此外，轻度的紧张感甚至是有益的，因为它能确保我们不会过分骄傲自满，而且作为大脑的一种信号，它还能提醒我们不可放松警惕，或者想当然地接受一切，提醒我们振作精神、集中注意力，努力将自己保持在最佳状态。

很多人都很紧张，但还是要继续做下去

说到另一种消极的感觉——焦虑，或许你想象不到焦虑的人原来数不胜数。威尔士传奇歌手谢莉·芭熙（Shirley Bassey）承认："我现在站在舞台上时比以前更紧张"，但这并没有妨碍她在拥有成千上万观众的音乐会上，或在拥有数百万观众的电视直播中完成出色的表演。我还曾经训练过一位国际橄榄球队的队员，他所在的球队曾是2003年橄榄球世界杯冠军得主。虽然他因为在球场上的优秀表现而家喻户晓，但他也曾在对着一小群企业家发表演说时感到局促不安。尽管如此，他最后还是下定决心要成

为一位成功的演讲者。

　　还有一件事或许你不知道，那就是有时你越是置身于自己非常害怕的情境，你越有可能享受这种情境，甚至还会在某种程度上忘记害怕，迸发激情，并开始对正在做的事情产生兴趣，从以前的消极情绪中解放出来，变得无拘无束。例如，我也曾经非常害怕在公开场合讲话，但通过练习，我克服了恐惧感，并且喜欢上了在公开场合讲话的感觉。

　　由此可见：只有行动起来才能获得自信力。

> 勇敢不是没有畏惧，而是直面恐惧，掌控全局。
>
> ——马克·吐温，作家

主动出击是你唯一的出路

　　自信力意味着采取行动并勇于掌控，理解这一点至关重要。许多想变得更自信的人都希望自己的生活能焕然一新：他们希望老板更提携自己，配偶更体贴入微，自己有更多的时间和金钱，所做的一切也能与过去不同，并拥有更多、更好的机会。但是，除非有法力无边的魔鬼或者仙女能够随叫随到，否则一味地希望并不是个好办法。你的老板不会毫无缘由地主动来帮助你。你要么在老板的领导下工作，要么就去重新找一份老板更愿帮助员工的工作。如果你没有足够的时间和金钱（这年头谁不是这样呢？），你就需要主动挤出一点时间，额外存一点钱。你不主动做出改变，事情就不会改变。

若你曾沉浸在幻想中守株待兔过，也不必太过担忧，但是从现在开始你必须采取行动了。

我相信，你肯定听说过许多关于一个人历经千辛万苦最后取得成功的故事。事实上，确实有很多人都经历过贫困、暴力、虐待和身体残疾等极端情形，最终克服了重重困难，获得了成功。当然，他们本可以沉溺在自己的不幸中，并且抱怨"如果当初父母没有忽视我该多好"或者"假如我没有得癌症就好了"，但他们没有这样做，他们在向我们证明一件事：不管处境如何，都依然有成功的可能。

自信力行动派

俗话说："好心未必有好报"。无论我们的愿望有多么美好，有时就是没有时间将愿望付诸行动。幸运的是，心理学家发现了一种叫作认知一致性（Congruence）的原则，意思是一旦我们做出了某种承诺（哪怕只是对自己的承诺），我们就不想对自己撒谎，所以更有可能按照承诺行事。由此可见，即使只是做出一个小小的承诺，也能够提高我们将想法付诸实践的可能性。

因此，如果你想竭尽全力变得更自信，并且希望在生活中收获更多美好的话，那么请签署下面这份协议吧，算是你对自己的承诺。不妨把它写下来或者打印出来。如果你想让下面这个协议更具有你自己的特点，你也可以针对自己的情况稍加改动。

> 我承诺不仅要阅读这本书，还要拿起纸和笔，实践其中的练习和技巧。我这样做是因为我想变得更自信，我想从生活中收获更多美好。
>
> 签名＿＿＿＿

恭喜你！你已经迈出了第一步。这其实并不难，不是吗？

> "每个人都是自己命运的建造师。"
>
> ——谚语

恐惧不会要了你的命

一想到必须直面自己害怕的东西，你就会感到非常恐惧，这是当然的。但请你一定要记住：这种感觉并非现实。你的烦恼也许被无端放大了，进而让你感到痛苦万分，所以这种烦恼本身只是大脑在你身上施加的鬼把戏而已。担忧、焦虑、恐惧、悲伤或者其他一些消极的感受不会要了你的命。而且值得庆幸的是，如今世界上大部分让我们畏惧的事情都不是致命的，实际发生的最坏结果也很少有我们想象得那么糟糕。

自信力行动派

请回想一下你自己的经历，然后回答下列问题。

☺ **你经历过的最可怕的事是什么？**

☺ **结果怎样？**

你可能确实为即将到来的一场考试、一次谈话或者一个重要会议而坐立不安过；也许你也曾做过一些像蹦极这种令人双膝打战的事；也许你曾因为前一天晚上饱受失眠的困扰，而在一个重要日子里感觉像梦游一样精神涣散。但即使如此，结果又怎样呢？事情最后并没有你原先预想得那么糟。就像现在，你正在阅读本书，这不正说明你还好端端地活着吗？

不自信背后的心理定式

我们知道，自信意味着要采取行动、勇于掌控。但是具体而言，你需要控制什么呢？答案就是：你的所为、所思、所感。

心理学家很早就发现，人的所思、所感、所为之间是相互影响的，它们处在一个动态的循环中。例如，一个人在为独自去参加聚会而感到紧张（所感），于是他就会选择留在家里（所为），而这样做会使他认为自己将一直孤独下去（所思），从而感到痛苦万分（所感），并且对将来的聚会也失去信心。

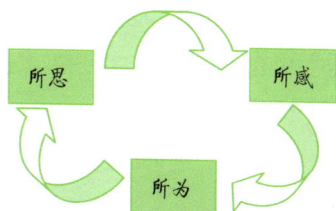

再如，如果一个人认为自己是一个失败者（所思），那么他就会因为这种想法而感到痛苦（所感），从而更有可能一成不变地生活下去（所为）。他无法努力去尝试新鲜事物，最终向自己证明了自己确实是一个失败者。

由此可见，你一旦让自己的负面情绪占了上风，就会进入一种恶性循环，这种自我延续的无限循环会强化你的恐惧感，消磨掉你的自信心。然而，如果你能转变自己的想法，那么你的感受和行为也会随之改变。因此，不妨强迫自己采用积极的思考方式，这样你就会感到快乐和自信了。这种感受还会促使你去尝试一些以前没有做过的事，进而强化你的积极思维和正面感受。于是，你就创造出了一个能够增强自信心的良性循环。

令人欣慰的是，只要你干预了所思、所感、所为中的任何一个环节，就能提升自信。以改变所作所为这一环节为例。在参加聚会、演讲或者和别人约会时，如果你表现

19

得很自信，就更容易相信自己是自信的（所思），而这种积极的想法会更进一步地让你放松、更自在（所感），促使你变得更自信（所为）。

由此可见，遵照本书提到的步骤，改变行为和思维习惯，自信力便唾手可得。

你够自信吗

在探讨如何做出改变之前，我们先来看看你究竟在哪些方面需要改变，以及你目前的自信程度如何。请认真阅读下列陈述，并思考自己同意的程度。记住，这个测验仅供你自己使用，所以一定要诚实作答。如果你打出的分数高于你的真实所感，那无外乎是在自欺欺人。为了算出你在自信自测表中的分数，请注意下方评价标尺。

1	2	3	4	5
非常不同意	比较不同意	中立	比较同意	非常同意

自信自测表

陈述	
只要我努力去做，就一定能解决棘手的问题	
即使有人反对我，我也能设法达成目标	
我感觉坚持并实现自己的目标并不难	
我能够应对生活中不同领域的各种意外情况	

陈述	
我相信自己能有效地应对各种意外事件和挫折	
我喜欢新的机会	
在生活和工作中遇到困难时，我能保持冷静	
我能解决自己遇到的大部分问题	
大部分时间里，我都是很有激情、备感充实、活力四射的	
我确信自己可以应对遇到的任何挫折	

答案揭晓

现在把你关于 10 个陈述的分数加起来，得到一个 10 ~ 50 分的总分，你的总分反映出的正是你目前的自信状况。

41~50 分：你是一个自信的人，你坚定地相信自己有能力克服困难，解决问题，即使遇到艰难险阻，最终也能取得成功。建议你从本书的"自信力行动派"和"自信力助推器"板块中挑选出一些技巧，来帮助自己始终保持自信满满的好状态。

31~40 分：大部分时间里你对自己应对各种场合和困境的能力还是很自信的。和大多数人一样，你对生活中某些方面会感到更自信一些。建议你进行"自信力行动派"板块的练习，并找到适合自己的"自信力助推器"，让自己的自信心再上一个台阶。

21~30 分：你的自信力水平还不够高。你目前可能有些焦虑，或者对如何应付目前的处境感到迷茫。但是"自

信力行动派"和"自信力助推器"板块的练习和技巧可以
帮助你渐渐提高自己的自信水平。

10~20分：目前你的自信力水平很低，但这是可以改
变的。事实上，自信力水平越低，进步速度就会越快。因
此，不妨从本书第2章中提到的"自信力助推器"板块开始，
改变你的信念和生活态度吧！不过不可急于求成，要确保
你已经对一种方法了如指掌并能熟练应用到生活中后，再
学习下一种方法。

请保留现在你所得出的这个总分，你可以把它写在这
本书的空白处并附上今天的日期。不管分数高低，按照本
书提到的方法认真练习，第二次的自测分数一定会比现
在的总分有所提高。不相信的话，六个月之后再来测一
测吧！

你应该在哪方面增强自信力

快节奏的生活是大部分人的真实写照，人们甚至没有
机会反省一下自己究竟过得如何、到底想过什么样的生活。
不过还好，现在机会来了。

从前面的自测题中，你可以了解到自己的自信力目前
处于什么水平。虽然之前在我的要求下，你已经找到自己
具体在哪些方面还需要更自信一些，但其实有时人们需要
增强自信心的领域远不止这些。接下来的测验就能告诉你

还需要在哪些更大的范围中增强自信力。

请仔细浏览下列自信力涉及的八个生活领域并在 1 ~ 10 分之间进行打分。10 分表示你在此生活领域中已经自信到令人难以置信的程度，也就是说不光你自己的自我感觉良好，其他人也对你在该领域中的自信表现感到钦佩。1 分表示自信程度非常低，也就是说你急切地想要在该领域做些改变。请记住，这本书中所有练习的结果都只和你自己有关，没有其他人会看到，所以一定要诚实回答。根据你对自己在每个生活领域中的表现的满意程度，在方框内划钩。

为自己在八个生活领域中的自信程度打分

	1	2	3	4	5	6	7	8	9	10
健康状况										
亲密关系										
家庭生活										
社交生活										
职业生涯										
投资理财										
人生意义										
业余生活										

具体解释

健康状况：你在健康、锻炼、膳食、精力和幸福感方面的自信程度。你担心自己的健康状况吗？你觉得自己非常强壮还是经常头疼、咳嗽、感冒？如果你为健康状况这一栏打了 10 分，这就意味着你每天睡醒的时候总感觉浑身是劲，并且相信自己能面对一天当中遇到的任何问题，即使到了晚上睡觉前，也仍然还有精力。然而，如果你为这一栏打的分数较低，就说明你常感到疲惫、虚弱或者觉得不会照顾自己。

亲密关系：你对自己与伴侣或者其他重要人物之间的关系的自信程度。他（她）能支持你、爱你、带给你快乐和幸福吗？你对此栏的打分较高意味着你对这段关系非常满意。如果你没有伴侣，但一个人仍然感到很快乐的话，那么你在这个领域中的得分也会很高。分数较低表明你的幸福感还有很大的提升空间，这要么是因为你觉得目前这段关系的质量还有待提高，要么就是想结束单身，渴望找到伴侣。

家庭生活：你对自己与父母、兄弟姐妹、孩子以及整个大家庭其他成员之间的关系的自信程度。在你看来，他们爱你、支持你吗？和他们在一起时你感觉自在吗？当你和家庭其他成员相处时，以及对他们有所求的时候，你觉得自信吗？

社交生活：你在社交领域的自信程度如何？你的朋友都是你喜欢的吗？他们经常和你联系吗？你有自信将陌生人变成朋友吗？这一栏的分数高意味着你的社交状况良

好，甚至超出了你的预期。分数低则表明你可能想在社交方面变得更自信。

职业生涯：在多大程度上，你的工作可以使你感到满足和兴奋？你认为工作能帮你成就理想吗？这一栏的分数高意味着你对自己工作的性质、前景和工作中的人际关系感到很满意。如果把工作看作为了生计而不得不做的苦差事，那么你在这一栏的得分就很低。

投资理财：你相信自己有能力养活自己和所爱的人吗？你对自己维持生计和储蓄的能力感到满意吗？虽然有人认为如果自己的钱多一些就会对自己的理财能力更自信，但其实理财能力和金钱多少并没有必然联系。有些人虽然腰缠万贯，但仍忧心于自己的财富是否足够，而有些人虽然赚钱很少，但仍然可以自得其乐。你对自己的理财能力满意吗？你可以安心于自己现在所拥有的财富吗？

人生意义：自信的人在生活中有明确的目标和意义。他们相信自己活着的时候一定可以完成一些事，为此他们付出了大量的时间、精力和资源，而且不求回报。但是有些人却缺乏这种自信和安全感，生活中得过且过。在这一栏得分高的人通常会投身于社区、慈善、信仰、社会和环保等事业。你平时都通过哪些途径为社会做贡献呢？你有多么相信自己的生活是有意义的呢？

业余生活：帮助别人、投身公益并不是生活的全部，

25

我们也需要给自己留点时间去娱乐，从事创造性的活动，做我们喜欢做的事，否则生活就是苦差事，总有做不完的琐事。娱乐至少可以让我们间歇性地充充电，这有助于我们维持对生活的客观态度。你在多大程度上能够沉浸于令人愉悦的兴趣爱好呢？

除了上面的八个生活领域外，还可能有其他对你而言具有重要意义的生活领域。例如，有些人渴望自己的努力得到认可，或者有一个自己希望坚守的信念。你是独一无二的，为了过得充实、满足，你或许有自己的一些独特的兴趣点需要关注。因此，在你继续阅读本书之前，请认真考虑一下：生活中还有哪些方面对你来说非常重要？

如果你已经给自己的上述八个生活领域都打了分数，那么现在请稍稍休息一下。

其实许多人都不满意自己的生活，甚至感觉痛苦不堪，而却没有采取任何行动、做出改变。但你不是这样的！通过评估自己对不同生活领域的自信程度，你已经下了决心、做出了承诺，为未来的改变开了个好头。但是打完分数并不算大功告成，你还要认真想一想自己为何要给出这样的分数，写下对应的生活领域中到底发生了哪些事。下列问题可以帮助你好好想一想。

☺ 生活中发生过哪些好事？

☺ 有哪些方面比较糟糕，需要改变？

☺ 有哪些新变化是你想延续下去的？

26

如果他们能做到……

艾丽森今年31岁，是一家保险公司的主管。她时常加班，觉得筋疲力尽。早晨醒来，她首先想到的都是工作的事，晚上回到家脑子里也还是工作的事。她觉得自己的生活正在悄然褪色，于是她反思了自己在八个生活领域中的表现，结果发现理财领域和工作领域的得分最高，其他领域的得分也不低，但她在亲密关系和人生意义这两栏的分数很低，都只有3分。针对每个生活领域，她都写了一段话，其中包括她对亲密关系和人生意义的描述。

亲密关系：我有许多朋友，但交情都不深。我身边不少女性朋友都还是单身，所以对我来说脱离单身的压力不算太大。有时我会感到很孤独。我的工作特别忙，但是工作是我不去和别人见面的理由吗？有些朋友尝试过网恋，但我却做不到，因为我怕让别人觉得我过于急切地想要找个伴儿了。另外，这些年我的亲密关系状况也没有什么改观。我给这个生活领域只评了3分，也就意味着这个领域对我来说比我想象得更加重要。

人生意义：我的人生意义是什么？我确实很喜欢做慈善。每当看到电视上儿童慈善类的公益广告，我都会心动，但是手头的琐事又会很快将我拉回现实。虽然我明白没有人希望一辈子都扎在工作里，但除了工作，我不知道自己到底想做什么。我一直没时间好好想一想这个问题。更准确地说，是从未挤出时间想过这个问题。但也许现在我确实需要抽出时间来思考一下了。

艾丽森抽时间审视了自己的生活之后，决定要对以上两个领域给予特别关注，并在接下来的一个月里，她抽出了一个周六，决心实际做一做本书提到的练习和活动。

对于不同生活领域的描述可多可少。有些人只写出了几个关键点便已足够。有些人针对某些领域只写了几段话，而对其他领域写了好几页的描述。你可以根据自己的情况自由书写。关于这个练习的叙述到此为止，但是我们还会在第 5 章中再次提到这项练习。

离自信更近一点

不妨买一本心仪的、很有质感的笔记本、日记本或活页本，在上面写下自己的想法，记录自己在完成本书练习的过程中的点滴进步。最好将反思的所有内容都写在一起，以便将来回顾时使用。当你回过头来看的时候，你已取得的进步便一目了然。

人人都需要的自信拼图

自信力水平低的原因有许多，比如童年经历、遗传基因、年龄及其处境等。但是，无论你过去或现在经历了或正在经历着什么，你都能改变自己的将来。其实，建立自信就像玩拼图游戏一样，下面七个部分就是需要你在本书第一部分中组装在一起的自信拼图。

思维习惯和信念。 自信的人都有着积极的信念，能乐观地看待各种情境。不自信的人则常因为自己的错误和失败折磨自己，任由焦虑和恐惧压倒自己。幸运的是，心理学家已经发现，人们的思维习惯和信念是可以改变的。通过训练，你也可以获得积极有益的信念和坚定的自信心。在本书第 2 章中，我们将探讨如何做到这些。

你的感受和情绪。 感觉紧张、悲伤或者愤怒是我们人性的一部分。如果没有这些情绪，人与冷冰冰的机器便没有区别。心理学家长期以来都在研究调节情绪的方式，以帮助我们保持最佳状态。在第 3 章，我将分享近年来心理学研究的成果，以检查和调节我们的情绪。

行为。 我们的所为、所思、所感之间的循环关系告诉我们，如果我们在行为上表现出自信，那么我们在思想上就会更自信，并能获得更自信的感受。我将会和大家分享一些技巧，让你不光看起来更自信，而且真正能自信满满地生活。这是我们第 4 章要涉及的内容。

目标。 自信的人都有明确的目标，他们知道自己想过什么样的生活，知道何时该认真工作，何时该保留精力以达成目标。然而，没有目标的人却容易得过且过，任由外在环境削弱他们的自信心。在第 5 章中，我们将分享确立目标的方法。

资源。自信的人善于利用各种资源来培养和保持自信力。他们善于利用他人、环境和仪式的支持获得良好的自我感觉。在第6章中，我将告诉大家如何最大限度地挖掘这些能够让你获得自信力的资源。

心理弹性。自信的人能从挫折、拒绝、逆境和批评中迅速恢复过来。即使你无法阻挡这些事情发生在你身上，但你依然可以自由选择应对它们的方式。在第7章中，我们将论述如何从挫败中尽快恢复过来。

坚持。提升自信力的过程是一场马拉松比赛，而不是短跑比赛。在第8章中，我将和大家分享如何检验自己的进步，并始终充满动力，让自信最终成为一种习惯。

你可以任意选择感兴趣的章节开始阅读。如果你马上就想让自己的行为变得自信起来，那么不妨直接翻看第4章；如果你想了解如何利用现有的资源来建立自信，那么不妨直接翻看第6章；如果你想和我一起按部就班地建立自信，那么就按照章节顺序依次学习下去吧。不过，在学习第2章之前，我们先来庆祝一下第1章学习的顺利结束。你现在已经走在完善自我的道路上了！

自信力小贴士

每记住一点，就打一个勾吧！

☺ 尽管在你挑战自我的过程中可能会产生消极情绪，但请记住，自信力就是行动的能力，哪怕有些畏

惧或焦虑，但你仍要下定决心采取行动，因为一旦你迈出了这一步，再迈下一步的时候就会容易得多。□

☺ 每个人都可以更加自信。无论你的成长环境和受教育程度如何，也不管有多少不利因素制约着你，你都可以下定决心，采取切实的行动来改善生活状况、提升自信水平。□

☺ 请记住，焦虑、担忧、恐惧、悲伤或者惊吓都不会要了你的命！如果你目前的自信力水平很低，请提醒自己那些消极的感受只是心理作用而已。□

☺ 将你的所思、所感、所为之间彼此影响的循环关系铭记于心。如果你在行为上和思想上都能表现出自信，很快你也会感到自信。□

☺ 你现在可能只是在特定情境中缺乏自信，也可能在大多数时候都不自信。你现在的处境无关紧要，重要的是你要相信自己有能力改变你的处境，活出自信。□

罗布·杨教授

> 如果面试被拒，你会怎么想？

> 我会很失望，觉得自己很倒霉。 ?

罗布·杨教授

> 除此之外，你还会怎么想？

> 或许其他面试者比我更优秀吧。 ?

罗布·杨教授

> 你认为面试被拒一定是你的问题吗？

> 对，一定是我不够好。 ?

罗布·杨教授

> 也许再自信一点，你就不会这么想了。

第 2 章
没自信多数是因为想法不对

因为自信，所以所向披靡。

——约翰·德莱顿，英国诗人

揭开自信力的神秘面纱

自信是一种智力游戏，它和人的高矮、性别、年龄等生理特征无关。自信的人都相信自己，而正因为相信自己，他们才能成功。所以，何不花点时间问问自己："我通常是用什么样的信息来支持自己的？"你常告诉自己"我很强壮、很聪明、很有自信"吗？还是会沉湎于自己的错误、弱点和失败呢？其实，无论你现在的心态如何，你都可以有意识地通过改变看待自我和世界的方式来迅速提升自信力，并利用一些技巧进行更积极乐观、更有建设性的思考。

想法无论好与坏都会成真

你所坚持的信念和想法，既可以让你感到精力充沛、心情愉悦，也可以让你感到紧张和苦闷，其中一部分可能是你长久以来根深蒂固的信念和想法，另外一些可能只是暂时的感受，但仍会对你的自信力造成损害。例如，如果你总是对自己说"人们会取笑我的"或者"我一定会失败"，那么你的自信力就会丧失殆尽。

> 无论你认为自己行还是不行，你的看法都会变成现实。
>
> ——亨利·福特，汽车制造商

还记得第 1 章提到的所思、所感、所为之间的循环关系图吗？从图中可以看出，一旦你认为自己能够做得更好，你就会变得积极，并且确实能够做得更好。而一旦你觉得自己是一个失败者，你就会感到闷闷不乐，并最终让自己真的变成失败者。这个结论在大量研究中均得到了证实：你认为自己是什么样的人，你就会成为什么样的人。

也许你听说过安慰剂效应。你知道吗？单单是信念本身就可以治愈疾病。医生们都知道，给病人服用没有药效的假药片也可以治愈一些疾病，其中包括心绞痛、哮喘、头疼、胃溃疡等疾病。病人们不知道自己服用的是毫无药效的胶囊或糖片，但只是靠着一种信念，相信自己可以康复，他们的身体状况就发生了改变。

如果面试被拒，你会怎么想

你的信念、态度和思维方式并不是与生俱来的，它们不仅受到周围环境的影响，而且取决于你的选择。不同的人即使经历完全相同也会产生不同的信念，因为人的思维可以朝着完全不同的方向发散。

例如，六个人去参加同一场面试，并且都由总经理（也是公司老板）进行面试。不幸的是，这个老板在面试过程中表现得很冷酷而且不太友好。几天后，这六个人都收到了一封信，信上说："很高兴认识你，但很遗憾，你没有被录用。"这六个人可能会从截然不同的角度来解释自己为何被拒绝。并且由于人的所思、所感与所为可以相互影响，他们认为自己被拒绝的理由也会影响到他们的感受。下面，让我们看看这六个人有哪些不同的想法与感受。

☺第一个人："我在面试的时候一直表现得非常糟糕，那场面试我根本就不该去。"他感觉非常沮丧。

☺第二个人："那位老板看起来很粗鲁，就算被录用了我也不想进那家公司。"被拒绝后，他反而感觉轻松了许多。

☺第三个人："参加面试是锻炼面试技能的好机会，我以后还会去参加面试，而且会逐渐进步，直到找到工作为止。"虽然被拒绝，但是这个人会感到很快乐。

☺第四个人："面试官肯定很讨厌我。"他因为自己被拒绝而感到羞愧。

☺第五个人："一定是其他应聘者更优秀"。被拒绝后，他只是有一点失望而已。

☺第六个人："经理在信上说很高兴认识我"。这个人很乐观，而且更加相信自己在接下来的面试中可以取得成功。

一件事，六个人，虽然经历相同，但每个人都从不同的角度给出了自己的解释，也因此产生了不同的情绪。有些情绪削弱了他们的自信力，有些情绪有助于提升他们的自信力，还有些情绪则没有影响到他们的自信力水平。

人们的感受确实是真实的，但那只是人们自己对周围事件的一种解释和观点而已。即使你对自己以及自身能力有着坚定的看法，但这看法也是基于你的思维方式而形成的，并不是因为世界本就如此。所以，请记住：你的信念和现实是两回事。

别再"唠叨"自己了

假如，你家里来了一位客人，他总是一个劲儿地告诉你，你有多么愚蠢、多么一文不值。早上你一醒来，他就对你喋喋不休地说你的新想法多么愚蠢，例如，你想邀请一位很有魅力的人出去约会，要求老板加薪，找一份新工作等想法都被他一一否定。想象一下，他一整天都在贬低你，不停地数落你。在你睡觉前，他还会提醒你曾犯过哪些错，让你重新体会到那种糟糕的感觉。遇到这样的客人，你的感受如何呢？如果我们真的要忍受这样一位"贵客"，那该有多心烦、多难受啊！其实很多人都有这样的"贵客"，但这位不停地谴责我们、让我们痛苦不堪的"贵客"不是住在我们家里，而是住在我们心里。

我们每个人的内心都有自己的声音，专家称之为自我对话。例如，当你阅读这个句子的时候，你可能已经听到自己内心的声音了。

你内心的声音与你对话时可能用的是第一人称（例如，"我现在很无聊"），也可能用的是第二人称（例如，"你在度假之前需要给盆栽浇水"），或者在这两种人称之间不断转换。

这个声音随时随地都在评论着你的过去、现在和将来，它可以提醒你有哪些事需要做，比如它会说："天气预报说今天要下雨，我得带上雨伞"或者"周末前记得为莎拉准备好生日卡片。"它也可能对你表示赞扬或批评。如果你和大多数人一样，那么这个声音通常不是积极的，而更有可能扮演着吹毛求疵的角色。比如它会对你说："那个东西看起来真吓人""每个人都在盯着我瞧"或者"如果真的这样做了一定会失败的，而且看起来很愚蠢，所以我最好不要去尝试"。

据专家估计，当我们内心的声音在自言自语时，它一分钟大概能说150～300个单词，进而每天都可以产生无数条信息。所以，我们心里的这位评论员能影响我们看待世界的方式，过滤我们的体验，塑造我们的信念，这样说一点也不稀奇。

由此可见，你之所以感觉不够自信可能是因为你内心的声音"枪毙"了你的想法，并在利用你曾犯过的错责备你。现在就让我来帮你找到一位心灵教练，甩掉那恼人的内心的声音吧！

自信力行动派

请思考下列问题：

你倾向于向自己传达哪种信息？

这些信息大部分是消极的还是积极的？

你更愿意向自己传达什么样的信息？

小心避开消极的自我暗示

你可能不会花多少时间来思考自己到底是如何思考的，毕竟从你记事起，你就一直在思考了，就像自动自发的一样。但这其中潜藏着危险，因为在你没有主动要求的情况下，消极的想法就能从潜意识领域溜进你的头脑。比如，你越是觉得自己愚蠢、失败，你的这种观念就会越根深蒂固。由于人的所思、所感、所为之间可以相互影响，所以当你认为自己愚蠢、荒谬、失败的时候，你就会开始通过感受和行动来证明自己的想法是对的。

心理学家将这些自发涌入我们头脑中的批评声称为ANTs(Automatic Negative Thoughts)。ANTs 有很多形式。

☺ "我做不了这件事，因为我太笨了。"

☺ "人们都不喜欢我。"

☺ "我无法改变，因为我年龄太大，行为模式已经固定了。"

☺ "如果我把这件事搞砸了，每个人都会取笑我。"

☺ "这件事做起来太难了。"

我们每个人都曾深受 ANTs 的影响，甚至奥运会运动员等一流体育健儿也会有犹豫不决和烦恼连连的时候。但是网球、高尔夫球、游泳等领域的世界级运动员们承认，他们的高超技能与积极的自我暗示是分不开的。这种积极的自我暗示正是你要学习的。我这 40 多年来所做的研究表明，人可以有意识地监控自己的思想，逮到 ANTs 这个"小恶魔"，并最终将其连根除掉。

> 人们可以通过改变态度来改变生活，这是我们这一代人最伟大的发现。
>
> ——威廉姆·詹姆斯，哲学家

只有这么想，你才能找回自信

你内心那个批评的声音可以让你如坐针毡。如果你接受了一项新的挑战，它就会向你嘀咕："最后会一团糟的"，"你这么暴露自己真是愚蠢透了"或者"你一定会后悔的"。但是，你可以用另一种声音来淹没这个恼人的声音。

第一台"自信力助推器"将请出你的心灵教练。可能你正在准备做演讲、为一道难题大费脑筋或者正在鼓励自己多锻炼 10 分钟，那么不妨利用能力确认型思维（Capability-Affirming Thoughts，CATs）迅速地将自己武装起来，用 CATs 替代 ANTs。

自信力助推器：打造属于你的 CATs

挑战等级：初级（你可以快速、轻易地学会这种技巧，但相对而言其他自信力助推器可能会带给你更大的收益）。

CATs 就是指能力确认型思维，有人也把它叫作积极确认或者有益的自我对话。

当你的自信心受到威胁的时候，不妨花点时间对自己说一些你认为有建设性的话。面对的情境不同，用到的 CATs 就不同。例如，你在演讲之前要告诉自己的话与鼓励自己多锻炼 10 分钟时所讲的话就会有所不同，当然也和你在烦恼工作中遇到棘手的问题时与自己沟通的内容不尽相同。假设你的心灵教练现在就站在你旁边，督促你集中精力，激励你坚持下去，竭尽全力，那么他就会对你说下面这些话。

☺ "加油！我能行！"

☺ "我一定要完成这项任务。"

☺ "保持微笑。"

☺ "我比别人想象得更坚强。"

☺ "想想自己完成这件事后的好处吧！"

☺ "保持自信。"

☺ "我以前做过这件事，现在我仍然能够把它做好！"

记住你的 CATs，你也可以将它们写在卡片上随身带着。每当你需要激励自己的时候，就念两遍这些 CATs，要充满力量、深信不疑地将它们大声读出来。但是如果你担心被偷听，那么就请在自己的心里默默读一读吧！

不相信 CATs 真的起作用吗？美国宾夕法尼亚州立大学的心理学家迈克尔·马哈尼（Michael Mahoney）对一群

41

想要加入美国奥运代表团的体操运动员进行了研究。他要求体操运动员们谈谈自己在竞赛过程中的想法。结果发现，最有资格加入奥运代表团的运动员虽然和水平相对较差的运动员一样，都有自己的忧虑和烦恼，但前者更善于利用积极的自我对话来激励自己。所以，何不像这些优秀的运动员一样，对自己说"你能行！"然后用行动证明自己是对的。

以我为例，每当我坐在计算机前写报告或者给客户寄发票，感觉工作成堆，总也做不完的时候，我就会利用CATs来鼓励自己。为了达到最佳效果，请选择对你自己和当下情形最有效果的CATs。例如，你想在鸡尾酒会上表现得优雅大方时所用的CATs必然不同于在工作中攻克难关时用到的CATs。

如果他们能做到……

尼克是一名38岁的人力资源经理，他一直认为和人打交道是自己的长项，但不善于处理和数字相关的工作。可是，老板却让他深入分析一下公司职员旷工和加班的相关数据。为了维护信誉，他觉得自己不能拒绝这项任务。所以，尽管他认为自己并不擅长与数字有关的工作，也必须硬着头皮做下去。

为了帮自己完成任务，他写下了一些CATs，以供在完成任务的过程中不断提醒自己。下面列出的就是他认为最适合当下情形的CATs。

☺"我能行。"

☺"只要我用心去做，任何事情都难不倒我。"

☺ "我比自己想象得更优秀。"

☺ "要集中注意力。"

在完成任务的过程中，他不断地向自己复述这些 CATs。有时在心里默念，有时他也会趁着周围没人时大声读出来。他发现这样做不仅能够缓解自己因为必须分析数据而产生的焦虑情绪，而且在这方面取得的进步比预想的还要多。因此，他渐渐感觉到自己确实能够应对工作中的任何情况，即便是那些让人头疼的数据也难不住他。

你希望在未来的哪种情形中变得更自信？既可以是工作时你独处或者身处人群中的情形，也可以是工作之外的情形。你会对自己反复说什么样的 CATs 来鼓励自己？请把它写在下面。

与自我怀疑战斗到底

前面我们已经提到人的头脑中会自动冒出一些消极的想法，但有时同一个消极的想法还会反复出现。如果把所

43

有自动冒出来的消极想法称为 ANTs，那么持续存在的消极想法就应该被称为 NTs。例如，一位不太友好的老师或者一个爱批评人的成年人，在你童年时期曾经对你说过一些话，于是这些话就印在了你的脑子里。或者你的老板、以前的同事或你的前妻（前夫）可能批评过你，于是你就把这些批评的话记在了心里。又或者是之前有件事你没有做好，于是你便反复责备自己为何当时没能做得更好。以下这些话你感觉熟悉吗？

  ☺ "我不够聪明。"

  ☺ "我总是做不好……"

  ☺ "我不擅长数学 / 语言 / 计算机 / 人际关系 / 运动。"

  ☺ "我在……方面总是运气很差。"

  ☺ "我没有办法去做……因为我太笨 / 太丑 / 太矮 / 太胖。"

  ☺ "……方面的事我永远都做不来。"

相信读到这里，你已经明白消极的想法会让我们裹足不前，它们不仅会让我们不自信，而且还使我们无法最大限度地发挥自己的潜能。然而幸运的是，我们能够揪出这些对我们无益的观念，并用有益的观念将其取代。

行动起来：CAT 扫描让消极观念无处躲藏

挑战等级：中级（在几周内每天花几分钟时间练习，你就能更自信）。

在医学领域，CAT(Computerised Axial Tomography,

计算机轴 X 光断层扫描术）扫描是医生用来寻找患者的伤口或确定患者身体状况的一种 X 光技术，而 CAT 扫描在本文中是指寻找 NTs（持续存在的消极观念）并代之以 CATs（能力确认型思维）的一种方法。

在接下来几周时间里，请将自己的 NTs 记录在一起，一旦察觉到了就要立刻将其记录下来，或者在一天快结束的时候做记录。每当你发现自己有了一个新的消极想法时，就要写下一个有建设性的 CAT。关键在于，你要密切关注自己的行动和努力是如何帮助自己成长的。下面列出的是一些比较好的 CATs。

"每试一次，我的技艺就会有所提高。"

"如果我付出努力就能做得更好。"

"我正在努力使自己更擅长于……"

"做这件事的同时我也在成长。"

"就这件事而言，现在我比上周 / 上个月 / 去年做得更好。"

"我之所以正在进步是因为我在这方面付出了时间和努力。"

一旦发觉自己正沉浸于任何一种顽固的消极观念中时，就请想一想你的那些 CATs。久而久之，你就会改变自我沟通的方式，自信力水平也会有所提高。但是我不建议大家用夸大的话来哄骗自己，例如 "我长得很漂亮" "我很杰出，非常了不起" "我聪明而且能力出众" 等。这些话更像一种妄想，

45

连你自己可能都不相信这些陈述。所以为了收获更好的效果，你的CATs必须是有理有据、有现实基础的，以你目前的实际行动、你参与的实践活动以及你正在做出的努力等为基础。

给你的消极观念来个大扫除吧

CATs自信力助推器和CAT扫描都是根除ANTs的好方法。如果把CAT扫描比作消除ANTs的手枪，那么下面要谈到的自信力助推器就像一枚导弹，可以扫除所有的ANTs。

有时，你可能感觉情绪过度紧张，你的想法和感受紧密混杂在一起，以至于你很难清醒地思考。你可能正在担心你即将发表的重要讲话，或者担心你将要出席的一场重大会议，或者因为担心明天的考试而辗转难眠。

我们可以感受到的消极情绪种类繁多：愤怒、恐惧、焦虑、紧张、担忧、绝望、悲伤、抑郁、怨恨、内疚或者羞愧。但是消极情绪是短暂的，你可以选择处理消极情绪的方法。

基于认知行为疗法（cognitive behavioral therapy, CBT）基本原则的FACADe法是一种通过区分事实和幻想、现实和感受来帮助人们解决烦恼的有效方式。大量研究都证明了人的思维方式是可以改变的，所以，何不现在就用

FACADe 法提高你的自信力?

自信力助推器:用FACADe法摆脱消极观念

挑战等级:高级(这可能需要你的努力思考,但是这种技术非常强大。有些人喜欢它,而另一些人讨厌它——所以请你至少尝试六次,再来判断这种技术对你而言效果如何)。

当你情绪低落时,请拿起一个笔记本坐下来,按照FACADe 技巧的五个步骤实践一遍。FACADe 法是由感受(Feeling)、行动 (Action)、情形(Circumstance)、ANTs(Automatic negative thoughts)和漏洞(Defects)五个单词的首字母构成的。

1. 感受(Feeling)首先写下你当下的情绪,比如生气、绝望、焦虑、嫉妒、害羞、尴尬等,然后根据每种情绪的强度对其打分(从 0 到 10)。

2. 行动 (Action) 写下你的行为在情绪的影响下有何改变。因为情绪,你无法完成什么事情?或者你的情绪在催促你去做些什么事情?比如因为情绪,你很想摆脱某种情境或者不想见某个人;你想对某人大吼大叫;你想一个人流眼泪、酗酒或者做其他没有意义的事。

3. 情形 (Circumstance) 接下来,请描述一下让你产生这种情绪的情境。这些情境可能已经过去,可能正在发生,也可能是在你看来将要发生的。它们可能是一件事、别人的一种行为甚至可以是头脑中的某种想象或记忆。

第2章

没自信多数是因为想法不对

4. ANTs (Automatic negative thoughts) 请写下你的头脑中不断冒出来的想法和观念，留意其中有关你自己的消极观念、批评言论和评价，比如"我没希望了""他们一定认为我是个傻瓜"。

5. 漏洞 (Defects) 最后，寻找这些观念中的漏洞和不足之处。针对你的每一个 ANTs 进行打分，以 0 到 10 的分值来描述你对这些观念的信任程度。然后寻找挑战这些消极观念的方法。想象一下，如果你的朋友有这种消极想法，你会对他说些什么，你可以用哪些有建设性的、合乎情理的观念替换它们。

虽然掌握 FACADe 法需要花一点时间，但它是心理学家目前用来消除消极想法的最有效方法。你一定要根据 FACADe 法的五个步骤写下答案，不可以只是动动脑筋就结束。只有动手去做，你才能将想法与情绪真正分离开，从而找回那个自信十足的自己。

如果他们都可以做到……

凯特的节食和瘦身计划已持续了三周，因为她想在公司的圣诞晚会上展现一副好身材。此外，凯特明年就 50 岁了，所以现在是她恢复自信、重塑身材的绝佳时期。几周前，她买了一条黑色的紧身长裙，希望自己在五周后的聚会上能够穿上它。虽然她已经取得了不小的进步，但是周五晚上她和几个好姐妹出去喝了几杯，结果越喝越多，还在午夜的时候吃了汉堡包、炸薯条和沙拉酱。凯特为此感到非常痛苦。她认为自己的努力都白费了，还毁了自己的节食计划。她甚至不知道自己现在是否有必要再继续坚持节食计划或锻炼了。再坚持还有什么意义呢？最后，经过反复思考，她还是决定试一试FACADe技巧。

以下就是她按照FACADe技巧的五个步骤写下的描述。

1. 感受（F）。我辜负了自己，为此我感到很失望（6分）。我也感到很羞愧（8分），因为在过去的几周里我已经告诉同事们自己取得了多大的进步，现在他们一定会因为我周五晚上的胡吃海塞而认为我是一个没用的人。

2. 行动（A）。我已经在沙发里窝了一个早上，不知道自己是否值得去超市买些健康食品回来，因为我只要打一个电话就能叫外卖送一个14寸的比萨饼过来，根本不需要我动手去做。同时，我也不确定自己是否想去健身房。要想把我在那晚吃的所有食物都消耗掉，至少还要锻炼两三次。

3. 情形（C）。就是那个周五晚上发生的事。我知道自己根本不应该喝第一杯酒，因为喝了第一杯就会想喝第二杯、第三杯。

49

4. ANTs（A）。我认为：

我的朋友会认为我很胖；

我是个没用的人；

我肯定穿不上那件衣服去参加聚会了。

5. 漏洞。罗布博士的书中说，要寻找每个ANTs的漏洞，所以我会逐个观察一遍。

我的朋友真的认为我很胖吗？不！我知道简也曾减肥过许多次，现在我和她的经历相同，所以她不大可能取笑我。其他姐妹都是我的朋友，我从来没有在她们不顺心的时候取笑过她们，所以她们也不大可能认为我很胖。不管怎么说，我很了解她们，所以不需要这么揣测她们的心思。

我不应该给自己贴"我很胖"这样的标签。我应该说当时我确实大吃了一顿，但我也不应该说自己没用，反而应该告诉自己："我确实辜负了自己，但那只是三周以来唯一的一次！"

认为自己永远也穿不上那件衣服的观念有点太夸张了，因为我还有五周的时间，如果我这周多去一次健身房的话，就可以弥补那晚的损失。对！我要去超市买一些生活用品，然后在健身房关门之前去锻炼一下。

的确，要掌握FACADe法需要花点时间，但确实非常有效，所以，下次当你不开心的时候就可以用它来挑战一下自己的观念和感受。先尝试一次，然后反复尝试，坚持下去，不要过早松懈下来，因为 ANTs 是一些顽固的小家伙，就像破坏我们庭院的虫子一样，一不留神，它们就会溜回来，继续在花园里搞破坏。它们的存在是根深蒂固的，所以想要完全去除需要花点时间。但是，你每实践一次 FACADe 法，ANTs 就会离你更远一些。实践到一定程度，即使不用写下来，你也能觉察到自己有哪些 ANTs 了。最终寻找和挑战 ANTs 将变成一种习惯，像呼吸和眨眼一样自然。

你可以通过一一盘点头脑中的想法来避开消极思维的陷阱，但当你感到犹豫、消沉的时候要记得使用 FACADe 法。我认识一些人，他们把 FACADe 这几个字母写在了贴纸上，这样就可以把它贴在冰箱上、汽车里和键盘等物体上面。那么，你会采取什么方式记住它呢？

"找茬"是种好习惯

FACADe 技巧中的第五步是寻找观念中的漏洞，这一步可能是最难的，因为描述自己的情绪和寻找自己头脑中的想法可能很简单，但你或许会感到自己没有权利去挑战自己的想法。因此，为了使你更容易捕捉到 ANTs 中的漏洞，请想象自己处于第三者的位置：你是自己的一位通情达理的朋友，质疑着你的想法的合理性。现在，你可以向自己提出以下问题。

51

☺你是否太过仓促就得出了最糟的结论（例如，一个朋友没来见你，你就想当然地认为他讨厌你、不想再见到你）？请记住，事情的发生往往有各种各样的原因，你的这种自发产生的消极想法不可能是唯一的答案。

☺你是否只根据一件事就用"总是"或"绝不"等词来评价自己（例如，只是一次驾照考试没通过，你就想着"我以后再也不学习开车了"）？问问你自己，你这些"总是"或"绝不"的说法是否只是根据一小部分事实得出的过分夸大的结论。

☺你是否总认为未来会很糟，而不是静观其变（例如，"这次考试我肯定考不过"或者"老板肯定会拒绝我的请求，所以我何苦去提这个请求呢"）？事实上，没有人能够预测未来，所以你也无须胡思乱想了。

☺你是否总认为自己是个失败者或者一文不值，而不是认为自己只是这次失败了而已（例如，你认为"我是个失败的家伙"，而不是"我只是在那种情况下失败了而已，我还可以重新开始"）？要提醒自己，挫折和错误并不会让你成为一个失败者，它们只是提醒你下次要尝试不同的方法。

☺你在努力揣测别人的想法吗（例如，你想当然地认为"他在打哈欠，说明他对我厌倦了"，而不是"他可能累了"）？既然你无法洞悉每个人的心思，那就别再纠结了！

☺你是否在用"必须""应该""务必""不得不"等词对自己或别人提出过分的要求呢（例如，你认为"我不能辜负了别人"，而一旦辜负了别人就会谴责自己）？如果你发现自己正滑向这个陷阱，那么请问问自己"为什么你或者别人必须如此呢？"

☺你是否轻视了自己取得的成就（例如，你认为"我能做的事别人也能做到"。或者认为朋友表扬自己只是因为他们自身的原因而已，"他那样说只是在可怜我而已，我真是个失败的家伙"）？其实，生活本就困难重重，你大可不必妄自菲薄。

时常问问自己这些问题，你就能让自己的消极观念暴露无遗。坚持下去，你对自己和周围世界的态度就会变得更积极、更乐观。

换个角度，换种心情

现代社会到处是模棱两可的东西。不论是电子邮件中含混不清的措辞，还是碰巧听到的只言片语，都很容易让人误解别人的意图。也就是说，你或许不知道一个朋友没有给你回电话可能只是因为他太忙了，而不是因为讨厌你。

几乎任何一种情形都可以有许多种解释。记住，观念并不等于事实，因为观念只是对当下情形或环境的一种理解罢了，而且很难分出对错。观念可以振奋人心也可以令人丧气，可具有建设性也可具有破坏性。所以，何不用令人振奋的观念来代替令人丧气的观念呢？

FACADe 法可以挑战你那恼人的 ANTs，在保护自信力的方法中算得上是强有力的"武器"了。一旦你的消极观念得以调整，你就可以进一步用积极的观念将其取代，建立自信。

我在第 1 章中提到的那六位面试者，在经历相同的情况下，各自对现状会有不同的解释。有的人感觉不错，而有的人感觉很糟。如果六个人能够用六种不同的方式来思考同一个情形，那么一个人也可以用六种不同的方式来思考同一情形。也就是说，你要明白朋友不给你回电话有可能是因为他工作太忙或者正在为他自己的事情而烦恼，也可能是他的手机丢了或误删了你的号码，还有可能是他想找个机会和你见面聊，而不是在电话里聊。正因为你无从知晓对方到底怎么了，所以执着于最坏的可能对你来讲是没有好处的。

接下来的"自信力助推器"将会告诉你如何寻找其他的解释，来替代自己的消极想法。

自信力助推器：探寻所有可能性

挑战等级：初级（你可以快速而方便地使用这种技术：你既可以将这种技术作为 FACADe 技术的补充，也可以在自己没有足够的时间使用完整的 FACADe 技术时，考虑和尝试

将其作为一种快速替代方案）。

一旦你的消极观念被击败，你就可以用有利于提升自信力的更有建设性的观念取而代之了。现在请写下一个困扰你的消极观念，然后再写下还有哪些替代性的解释。如果你情绪低落，那么就请你再想一想还可以如何看待自己当前的处境，但这需要持之以恒。通过一场小规模的头脑风暴，记下此刻你脑中闪现的所有想法。

☺ 还可以如何解释当前的情形？

☺ 你有哪些经历可以为当前的处境提供另一种解释？

☺ 你会鼓励朋友这样思考问题吗？

☺ 如果你的朋友也遇到这样的情况，你会对他说些什么呢？

发散思维，努力想出尽可能多的替代性解释。能想出六个相当不错，不过三个可能更现实，然后从中选出一个更有建设性、更符合实际的解释并用一个大圆圈圈起来，用大号字体单独写在一张纸上，用确信无疑的口吻大声读出来。哪怕只找出了一个符合事实的替代性解释，用它来替代你的消极观念也能让你好过许多。

你也许认为用一个积极观念来取代消极观念有点不太现实，但是我的意思并不是任何积极观念都可以用来替代消极观念，更不是说你应该脱离现实，把世界当作童话王国，这太天真也太虚幻。你选择的替代性观念必须是可行的、现实的，要充分考虑到当时的具体情况。一旦找到这种替代性观念，你的自信力就能再次得以提升。

如果他们能做到……

24 岁的本是计算机用品公司的客户经理。在一次销售会议上，他努力说服客户购买他们公司的一款产品，但未能如愿，于是他的情绪变得很低落，并开始责备自己。不过，他没有让这件事击垮自信心，而是用 FACADe 法识别出了自己的 ANTs。他发现，自己最强烈、最顽固的消极观念是"我不擅长做销售。"为了推翻这个观念，他写下了能想到的所有合理解释。

"那位客户脾气古怪，不管谁来劝他，都无济于事。"

"我已经尽力了，只是客户感觉现在还不是买进我们这款产品的最佳时机。"

"客户今天心情不好，而且我运气不佳，偏偏在这个时候和他见面。"

"我们公司这款产品可能并不能满足客户的需求，所以我的同事也无法说服他购买我们的这款产品。"

"那位客户比较愚钝，不能理解我话中的含义。"

"那位客户只是在烦恼自己生活上的事而已，此刻他不会积极回应任何人的。"

简单写下六种替代性解释可以帮助市从其他角度看待这件事。最终，他选择将以下观点作为自己的新观念："我已经尽力了，但是客户感觉现在还不是买进我们这款产品的最佳时机"，然后他又大声读了几遍，感觉自己的情绪迅速好了起来。

安排特定时间来化解担忧

你有没有想过究竟什么是担忧？心理学家认为担忧是对未来可能出现的差错的一种无效的忧虑，令你担忧的事情可能包括被拒绝、失败、染上疾病或者遭遇车祸等。你会坐立不安，不停地思考"如果发生了这种事该怎么办？""如果出了问题该怎么办？"然后你会想："我无法应对这些事情！"

过度担忧的人不愿意停止担忧，因为他们（无意识地）相信考虑最坏的情况有助于他们做好准备。然而，心理学家发现在大多数情况下，我们的担忧实际上不能帮助我们有效地解决问题或者为未来做好准备。

下面我将介绍几种方法来降低担忧可能对你的生活造成的危害，帮助你将无效的担忧转化为有效的问题解决方案。

行动起来：记录你的担忧

挑战等级：中级（这项活动需要你在四周内每天花上几分钟时间，这将会带给你恰当的益处）。

大多数过度担忧的人没有思考过他们在担忧的时候做了什么。他们可能将自己的担忧视为"深谋远虑"或者"未雨绸缪"。因此为了减轻你的担忧，你要做的第一步就是记录你的担忧。

在接下来的四个星期里，你要随身携带便签本，随时随地记录下你的担忧。如何确定自己是否正在产生担忧？下面是关于担忧的常见信号。

• 一遍又一遍地思考"如果发生了……"或者"噢，怎么会这样"之类的问题。

• 思考不在你的能力控制范围之内的事情。

• 关注最糟糕的事情，但实际上没有证据表明这些事情可能会发生。

每次你担忧某事时，就记录下当时的日期和时间，你担忧什么，以及你的担忧持续了多久。

营养学家经常建议想要减肥的人应该记录日常饮食。简单地记录饮食行为通常就能帮助人们更加慎重地对待饮食。类似地，很多人发现记录自己的担忧有助于更加清楚地意识到自己的担忧，从而减弱自己产生的忧虑。

担忧有时会妨碍我们高效地工作和享受生活。也许你正在开会，本该把重点放在工作项目上，但是你的思绪却神游于万里之外，你担心自己的健康或者人际关系；也许你正在度假，本该享受美好时光，但是你满脑子想的都是令你担忧的工作。

一种减少你担忧频次的方法是有规律地安排你的担忧，即集中一段时间思考令你担忧的事情。如果你在记录自己的担忧之后想进一步学习减少担忧次数的技巧，那你可以尝试下一个自信力助推器。

自信力助推器：安排特定时间来化解担忧

挑战等级：中级（你也许想减少你产生的大多数担忧，但是你至少需要几周或更长时间的练习来做到这一点）。

这种技巧具体是指选择一个特定的、确保自己能专心致志和不受干扰的时间和地点。例如，你可以选择每天晚上7：00坐在自己的书桌前处理自己的担忧，或者每天上午10：30在你最喜欢的扶手椅上思考令你担心的事情。这完全取决于你。

接下来，当你意识到自己开始担忧某事时，你可以简单地记下来，并尽力提醒自己在特定时间来思考这件令你担忧的事情，而不是现在。你不必担心以后会忘记这件事情。如果你已经根据前面提到的"采取行动：记录你的担忧"进行了练习，那么这将带给你很大的好处。而且当你事后回顾你记录下的担忧时，你可能觉得当时的担忧纯属多余。一些人认为我们可以将令我们担忧的事情分为三类，这样的分类纪录对我们管理担忧是很有用的。

- 糟糕的事情。让你担忧的最坏情况是什么？

- 最好的事情。你既可能担忧可能发生的坏事，也可能担忧可能发生的好事。如果你中了彩票，那该怎么办？

- 中间事件。一些介于最好和最坏之间的事情也会让你担忧。对你而言这可能是什么事情？

如果你把你的担忧写下来，却发现你仍然无法消除你的忧虑，那就提醒自己你将在以后合适的时间来化解那些令你担忧的事情，而非现在。你可能会发现这很困难，但是经过几周或者几个月的练习后这就会变得更加容易。

将无用的担忧转化为有效的问题解决方案

安排特定时间处理担忧对缓解由可能不会发生的事情所导致的焦虑特别有用。例如，如果一场风暴即将来临，你可能担心闪电击毁房屋，但这是非常罕见的事情。

然而有时我们面临着真正的挑战，需要解决实际存在的问题。我们担心我们完全没有为处理这种问题做好准备。在这种情况下，你也许不能只是记录下自己的担忧，而是要采取实际行动。我将这种方法称为"尽力去做"。

自信力助推器：尽力去做

挑战等级：中级（这是一个相当简单的技术，但大多数人发现他们需要花 10 ～ 20 分钟保持注意力高度集中，才能充分利用它）。

"尽力去做"模型是一个简单的方式。当你面对困难或者令你担忧的情况时，不管这种情况是工作报告还是约会，你都可以暂且搁置你的担忧，尽力去做你应该做的事。下面是这种技巧的四个步骤。

• 定义。首先写下你一直在担忧的问题或困难。过度担心某事只会导致你坐立不安、停滞不前，而不会促使你奋力前进。写下令你担忧的具体问题可能会帮助你更清楚地思考。你现在面对的情况是什么？你想要达到什么目标？你可能遇到的障碍是什么？

• 提出方案。至少花五分钟的时间独自进行头脑风暴，想出解决问题的方案。这一步的目标是尽可能多地写下潜在的方案。即使你觉得其中一些方案很幼稚，它们也可能引发其他更好的想法。所以你应该写下你想到的所有方案。

• 评估。只有当你想出至少六个备选方案时，你才可以进入这一步，评估每个选项的价值。对于每个选项，你可以考虑这两个问题：该选项是否简单上手又实际可行？该选项的效果如何？

• 尝试去做。哪个选项既简单可行又能产生效果？可能没有一个明确的最佳选项，但你可以考虑哪一个似乎最有吸引力，然后尝试实施这个方案。付诸实践通常比什么都不做更好，也比仅仅放任自己的担心和烦恼更好。即使你所选

61

择的方案不起作用，你也可以深入了解还有什么方案可能起作用。

我并不是说"尽力去做"这种方法能解决你所有的问题。但是这可能会帮助你更有建设性地去思考你所面临的挑战，而不是让你的担忧在你的大脑里飘来荡去。

"尽力去做"这种方法允许我们考虑自己如何从A（我们现在的位置，即我们的初始状态）到达B（我们想去的地方，即我们的目标状态）。这就像你要从城镇的某个地方（比如你的住所）出发，前往另一个地方。你有多种方案，比如你可以开车，搭乘公共汽车，走路或者骑自行车。即使你决定开车，也有多种方案。你可以选择最短的路线，从城市中心穿过，但是很可能被堵在路上；你可以绕一条远道，这条路上风景迷人。如果你要坐公共汽车，你同样有多种路线可供选择。

穿过城市通常有多种方法，但如果你总是纠结哪种方法是最佳的，那么你绝对会浪费时间，无法到达你想去的地方。现在就出发，向你的目的地前进，哪怕你并不认路，这总比你充满忧虑地待在原地要好得多。

生活中也是如此，很少有一种能解决所有问题的方法。某些方案可能需要更长时间才能让你获得更好的结果，而其他方案可能会快速帮助你解决问题。某些方案对其他人来说很有用，但有可能不适合你。如果某些方案行不通，那就继续尝试新的方案，不要任担忧啃噬你的内心。不断尝试是一种比只会担忧更好的选择。

如果他们能做到……

36岁的安迪去年失去了工作，而且与相爱多年的恋人分道扬镳。他无法支付房租，所以他搬去与父母同住。他在大多数朋友面前假装他正在享受家庭生活，但是他向几个亲密的朋友表示，他已经失去了自信，心如死灰。他很担心自己的状况，但是在亲密朋友的鼓励下他现在想做一些事情。

他使用"尽力去做"模型试图找出前进的方向。

· 定义。我想重新找到一份好的工作，让自己能独自生存下去。其实我很想找到工作，虽然我现在没有工作，但是我想努力去找，继续前进。住在父母家里让我觉得自己被现实所困，情绪低落。

· 提出方案。我可以问保罗（Paul）他是否会介意我在他家的沙发上睡几个星期。我可以问亚历克斯（Alex）和罗谢尔（Rochelle）我是否可以在他们的空余房间里住一段时间。我还可以通过信用卡借一些钱来租一个地方，或者请求我的父母借一些钱让我自己租一间公寓。

· 评估。如果我请求保罗帮助，他肯定愿意帮助我。但是他喜欢聚会，这会干扰我求职。亚历克斯和罗谢尔有一个干净的房间，但是我知道他们不希望我停留太久。只要我能很快找到工作，用信用卡借钱租房就可以了。但是，向我父母借钱也许是最合理的选择，因为我不用向他们支付利息。

· 尝试去做。我会和亚历克斯和罗谢尔以及我的父母谈谈，看看哪个选择更好。我会在月底前做出决定。

随着时间的推移，你将学会分辨有益的思想和无益的担忧。显然，如果你需要制订计划或者组织活动，就需要花费大量时间来思考——也许你会使用"尽力去做"这种方法。但是当你睡觉、与朋友聚餐、读书和约会时不停地思考一些令你担心的事情，这毫无益处，你可以安排特定的时间来处理令你担忧的事情。

你担忧将会发生或者正在发生的事情吗？尽力去做就好。

乐观其实很简单

我有个抛硬币的提议，如果头像朝上，我给你 100 元（币种随你选），如果是背面朝上，你给我 100 元。你愿意跟我打这个赌吗？你很可能不愿意，因为输赢的差别不大。但是，如果头像朝上我给你 100 元，而背面朝上你给我 90 元，你会和我打赌吗？可能还是不会。我们可以继续减少你可能损失的金额数量，直至你愿意和我打这个赌为止。

诺贝尔奖获得者、美国普林斯顿大学心理学家卡尼曼教授发现，大部分人在赢到的金额是输掉的金额两倍时，才愿意打上面这个赌。也就是说，如果你赢就能拿到 100元而输的时候只需掏 50 元时，你才愿意和我打赌。

这对我们有什么启发意义呢？人类大脑天生就对损失更敏感，更关注消极的事物，也更愿意回避风险而不是抓住机会。但是你对生活的看法并不是一成不变的。科学研究表明，我们可以改变自己的世界观。

其实我说的就是乐观主义。乐观主义者通常喜欢追寻美好的事物，将成就归因于自己而不是归因于外在环境。他们把精力集中在追求成就上。相比之下，悲观主义者则更关注事物不好的一面，将自己的成就归因于运气而不是自己的能力，并将心思集中在避免失败上。你想成为哪一种人呢？悲观主义者还是乐观主义者？

有些人认为对生活持有消极看法可以保护自己，因为通过设想最坏的情况，他们就不会失望。但其实悲观主义不是保护了他们，而是将他们孤立了起来。如果你不相信我，那就试试看下面这个小实验。首先，在一个人面前假装非常乐观、开心，然后在另一个人面前假装非常消极、悲伤。我相信你一定能体会到自己的态度和形象可以影响别人对你的看法以及对待你的方式。悲观主义会滋生更多消极观念，使人四处碰壁；乐观主义能够聚拢人气，并给人带来更多的机会。

请问问你自己：

☺你的生活观是积极的还是消极的？

☺你的信念中有哪些是拜你的生活观所赐？

☺如果你的生活观较为消极，那么你认为自己看待事物的方式有哪些劣势？

你现在可能认为自己的世界观是与生俱来的，但研究表明，不论你当前的世界观如何，你都可以提高自己的乐观程度。你关注哪方面，就会在哪方面获得更多成长。现在就让我们来看看你每天的生活都有哪些事情进行得还不赖吧！

自信力助推器：培养你的乐观精神

挑战等级：初级（保持乐观能迅速而直接地让你感到自信。大多数人一周都会多次练习这种技术来增强自信，但不需要每天练习）。

人们可以通过棱镜来折射并分离彩虹的颜色，你也可以使用一面积极的棱镜来折射生活经历，将注意力对准生活中最精彩的部分。

你可以每天晚上简单写下三件让你感到欣慰的事，它们可以是当天发生的事、你自身的价值、你的人际关系或其他让你很享受的事。你可以选择任意一种方式对此进行解释。在这里我不想举例，因为你需要自己去寻找答案。之后你会发现，有许多经历，无论大小，都能让你感到愉悦、享受、有意义。假如今天是你生命的最后一天，你很可能还会发现自己要感激的人和事简直太多了。

我知道"忆好事"这个方法听起来过于简单、美好，甚至让人怀疑它是否真的有效。但是，这个方法有着充分的科学依据。马丁·塞利格曼（Marti Seligman）是当今世界上最受尊敬的心理学家之一，他和他的宾夕法尼亚州优秀研究团队比较了提升自信力的各种不同方法的优势，结果发现，"忆好事"是诸多方法中最有效的一种方法。许多提升自信力的自助方法的效果只能维持几周或一个月。而使用"忆好事"仅一周后，提升自信力的效果就可以维持六个月以上。

仅仅是每天回忆起三件好事，你就能训练自己去珍惜生活中的美好，开始注意到生活中有更多积极正面的事情和美好瞬间，你的情绪和自信力水平都会得到持续性的提高。但是请记住，你需要从生活中的各个领域去寻找这三件好事，不仅限于工作和人际关系领域。

你还需要买一个漂亮的笔记本或日记本来记录这些积极正面的瞬间。当你情绪低落的时候，可以回头看看自己在之前几周或几个月里所写的内容，回忆生活中的美好，提振情绪，提升自信。

自信的人都爱做"白日梦"

如果你在参加一个社会活动、演讲或者面试之前感到很紧张，你可能只是在想象会发生一些糟糕的事，例如打翻杯子、脸红等。但是，你既然可以想象会有不好的事发生，那么你也可以想象会有好事发生。

发挥积极想象的作用正是建立强大信念的另一种方式。如果你也曾一度因为无聊而时不时做些白日梦——至少我就经常如此，那么何不充分利用一下这丰富的想象力呢？

体育界早在几十年前就开始利用想象来提高运动员的表现。通过描绘自己想要看到的结果，比如第一个冲过终点线，在高尔夫球比赛中完成完美挥杆，在花样滑冰比赛中完成三周跳后平稳着地等，这些运动员更有可能让自己的想象成真。

自然科学也证实了想象的作用。哈佛大学心理学教授斯蒂芬·柯斯林（Stephen Kosslyn）利用大脑扫描设备进行研究的结果表明，想象一项运动所激活的大脑活动区域和实际运动时激活的大脑活动区域是同一处。只是想象着某种活动就可以激发大脑中一种叫作镜像神经元的细胞活动。从大脑活动的角度来看，想象一种活动和真正从事该活动的效果是相似的。

如果你还不相信想象的作用，我就再和你分享一个最近的研究成果。英国研究者沃克（Leslie Walker）教授研究发现了积极想象对治疗癌症的作用。令人惊讶的是，那些能够想象得出对抗癌症的过程，或者能预见自己的肿瘤会消失的病人，能够获得更好的治疗效果。既然想象可以影响当今世界上最恐怖的疾病的治疗效果，那么使用这种方法来提高自信力水平岂不是更容易？

一些人有心理障碍，认为自己没有想象力。实际上，任何人都有想象力。让我们举个例子。你现在按照我的提示进行想象：你忙碌了一天，正走在回家的路上，站在自家门前，你看到了什么？门是什么颜色的？锁眼在哪里？是什么颜色的？你看到信箱和门把手了吗？看吧，你也有想象力。想象只不过是在头脑中画画而已，你一定可以做到。

自信力助推器：把人生想象成一部属于自己的电影

挑战等级：中级（一些人发现描述想象中的充满信心的自己并不容易，但是研究表明这种想象确实能带来显著的变化，让你更加自信）。

想象你坐在后排观看自己的自传电影。假设，你已功成名就，有人为你写了一本自传，而且有电影公司把它拍成了电影。你现在正在观看这部电影，电影正好讲到你克服了恐惧情绪获得优异成绩的那一部分。想象这一幕时请找一个安静的地方，远离电话声、同事的吵闹声、火车的隆隆声、孩子们的尖叫声，然后大胆地发挥想象力吧！

• 首先，想一想你未来希望在哪些事或者哪些情形中表现得更自信，比如和老板谈加薪的时候、在聚会上谈天说地的时候、在婚礼上敬酒的时候、在网球联赛中为许多明星服务的时候、和爱人争辩的时候等。想象一下这些情形，假装自己在看电影。

• 一开始，你可以想象一下自己的样子和穿戴，这样你会感到很平静，甚至会面露微笑或者哈哈大笑。你的穿着是怎样的？是潇洒的西装、性感的外套还是白色的网球服和训练鞋？请再加上一些其他穿着细节。

• 接下来，想象你自己感到紧张或担忧。是的，你没有看错。你可能会感到不确定或者怀疑你的大脑。不过我要强调的是，无论你感觉如何，你都应该去执行这个重要任务。

• 电影情节将如你所愿地进行。电影里的你很开心，想象你正在自信满满地和老板谈公事，与约会对象共进晚餐时逗得对方开怀大笑，演讲时博得了观众的阵阵掌声。记住，这些你想象出来的事情会真实地发生。

• 你将在这部电影中听到自己想说的话以及周围的声响，比如你老板的祝贺声或者同事们的笑声。

这部电影你需要看许多遍才能印象深刻。想象毕竟只是想象而已。其实，在现实生活中体验到成功会比想象中更加直观。

想象能让我们为那些让人有点紧张或焦虑的大事做好准备。虽然本书有许多方法可用，但你需要勤练习才能熟练掌握。经过练习，让那些"电影"上演就会变得更容易、更生动。你越是努力想象一个成功的结局，淋漓尽致地描述你想要达到的结果，你的自信心就增加得越多。现在就让我们开始练习吧！

自信力小贴士

每记住一点，就打一个勾吧！

☺ 请记住，你的观念只是你个人对周遭事物的一种解释，并不等同于现实。如果你的观念消极，那么你就会觉得自己和世界很糟。如果你的观念积极，那么，你就会感觉浑身是劲、自信十足。☐

☺ 你内心的批评家比其他任何人都更言辞犀利。所以你需要铭记在心的是，当你的自我意识高涨时，很可能是你头脑中的声音正在对你评头论足，而不是你周围的人。☐

☺ 你的观念不是与生俱来的。也许有一些观念会自动冒出来，但是你可以有意识地努力挑战这些观念，摆脱其中的不利因素。☐

☺ 如果你非常担忧，那就尝试安排特定的时间和地点来处理你的担忧。你也可以使用"尽力去做"这种方法来解决问题，以消除你的担忧。☐

☺ 选择更乐观的生活态度并不是要求你带上玫瑰色的眼镜，自欺欺人地告诉自己世界是美妙的，而只是要求你关注生活中美好的一面，不要身陷生活的阴暗面而不能自拔。☐

☺ 利用强有力的想象来克服焦虑感，为应对充满

挑战的情境做好准备，虽然这种方法常常被忽略。□

☺当你左右为难、需要保持自信力的时候，请使用 CATs（积极的自我暗示）法，用积极信念来取代消极信念。□

☺你的信念是多年积累的结果。所以你要记住，和自己的消极信念做斗争可能需要反复的尝试和练习，最终才能用更加积极的信念将其取代。□

罗布·杨教授

最近你的心情如何？

不太好，总是会莫名感到焦虑。 ?

罗布·杨教授

你尝试过调节这种焦虑情绪吗？

我觉得自己完全控制不了它！ ?

罗布·杨教授

也许运用一些技巧，你就不会这么想了。

第 3 章
学会感受自信力

"情绪来了又走了，就像天边聚合的云。有意识的呼吸是我的法宝。"

——一行禅师，作家，诗人，和平活动家

　　为了缓解焦虑、抑郁和愤怒等消极情绪，心理学家越来越重视向"第三代"心理疗法求助。这些疗法包括接纳和承诺疗法（acceptance and commitment therapy，ACT）、基于正念的认知疗法（mindfulness-based cognitive therapy，MBCT），以及其他疗法。

　　"第三代"心理疗法到底有何特别之处，这也许不是我们每个人都会关心的。最重要的是，大量科学研究表明，这些疗法能发挥作用，帮助我们感到更加自信。

调整你的呼吸

　　学会呼吸，是我们感受到更加强大的自信力的一个重要基础。这听起来可能有些奇怪，但这是事实。你可能很少会关注自己的呼吸方式，毕竟你自打从娘胎里出来后就一直在自然而然地进行着呼吸。

　　但是你的情绪会影响你的身体，你的身体也会影响你的情绪。当你备感压力或焦虑时，你会快速地进行浅呼吸，只将空气吸入肺部的顶端，这就是喘息。反过来，呼吸也会影响你的感受。通过将注意力集中在呼吸过程上，你可以激励自己产生更多自信。

　　我将讲述的呼吸技巧被称为腹式呼吸。横膈膜是胸腔和腹腔之间的分隔，能协助肺呼吸，腹式呼吸就是调节横膈膜的上下运动。通过学习腹式呼吸，你能有意识地缓和你的消极情绪。在你即将做报告、参加驾照考试或者上台展示音乐才能时，你可以使用腹式呼吸来调节心理状态。

自信力助推器：腹式呼吸，即学即用

挑战等级：初级（大多数人只需要花几分钟的时间就能学会腹式呼吸，但是你需要进行几周有规律的练习来确保在压力来临时你可以自如地使用这种技巧）。

你可以在家里按照如下步骤练习腹式呼吸。

• 把右手放在胸膛上，左手放在肚脐处。轻轻地吸一口气，就好像你在闻空气中一种好闻的味道一样，或者猛吸一口气，就好像你在吸鼻涕一样。此时，你可以感受到自己的左手在动，你的腹部就在那儿。

• 现在慢慢地深吸一口气，使空气充满整个肺部。你的左手在你吸气时上升，在你呼气时下降，而你的右手应该一直保持不动。慢慢地呼吸四下。

• 重复几分钟后，你会觉得非常放松。当你的身体放松，血液流向全身各处时，你的手指和脚趾就会暖和起来。

请在感觉放松的时候练习腹式呼吸并养成腹式呼吸的习惯。如此一来，一旦遇到紧急情况需要运用腹式呼吸来调整状态时，你就可以迅速转换到这种呼吸模式。很多人在压力大时都会选择吸烟。然而，托尼·施瓦兹（Tony Schwartz）和凯瑟琳·麦卡锡（Catherine McCarthy）的研究发现，深呼吸能更加有效地缓解压力，而不必吸入满肺的浓烟。

接受你的情绪

我曾经有一位客户，她是一位年长的女性，在几年前与丈夫离婚。她渴望找到新的伴侣，因此在一个相亲网站上注册了账号。但是，她在约会期间会感到焦虑和难为情。一旦她感到焦虑，便会对与约会对象的交流感到越来越尴尬，从而让她更加焦虑。有一次，她甚至想要逃离现场，将约会对象留在餐厅里，因为她感到非常糟糕，简直难以忍受自己的焦虑。

我和这位客户谈论焦虑，告诉她感到焦虑是非常普遍的事情。许多人在约会、做报告、参加入职面试时都会感到焦虑不安，甚至心生畏惧。

我建议她尝试接受她的焦虑，而不是逃避。与其和焦虑不安的感受做斗争，并为自己的焦虑感到羞耻，不如承认自己的焦虑，告诉自己这种情绪状态是正常的。

这种策略帮助她走出了困境，她尝试告诉自己"感觉焦虑和紧张是很正常的"。如今她不会再掩饰或逃避自己的情绪了，她甚至已经学会与约会对象谈论她的感受了。通过这种方式，她能很好地缓解约会中的尴尬，一些约会对象甚至认为她紧张的表现很惹人喜爱。一味地压制焦虑和紧张情绪只会让她精疲力竭，她选择了接受自己的感受，让自己更好地投入到约会中并尽情享受这一过程。

自信力助推器：接受你的情绪

挑战等级：中级（你可能需要习惯一段时间才能接受和正确处理自己的情绪，但不管怎么说，这能帮助许多人感到更加放松）。

对于如何接受自己的情绪，关键在于你需要明白：感到焦虑、紧张、难受或烦恼没有什么大不了的。不管你感觉如何，都不要压抑它们和担心它们造成的负面影响，而是要接受和正视它们，继续前进，完成你应该完成的任务。

当你感觉自己被消极情绪紧紧缠住时，你可以做下面这些事。

· 告诉你自己，正是因为各种鲜活的情绪，我们才成为我们。如果你感受不到任何情绪，就和冷冰冰的机器人没有区别！不要对自己说"噢，我感觉很焦虑"，而要尝试告诉自己"我感觉很焦虑，但是我能处理好我的情绪"。

· 你可能觉得某些身体反应与自己的这些感受是存在关联的。例如，当你感觉紧张时，你会手足无措，看上去很糟糕。不要因为这种糟糕的表现而加重自己的情绪负担，你应该坦然面对它们，告诉自己这没什么大不了的。

• 不要去细细咀嚼你的消极情绪，这只会让你陷入其中；不要将你的消极情绪妖魔化，试图将它们彻底消灭。将你的注意力集中在你正在做的事情上——享受你的约会，不卑不亢地与你的老板交流。

把自己从思想和情绪中分离出来

想象一下，我在一次聚会上遇见了你，并问道："你是谁？"这是一个模棱两可的问题，你可能会回答我你的职业，例如，"我是一名教师""我是一名市场营销助理""我是一位经理"。或许，你会回答我你在工作之外扮演的角色，比如，"我是一位父亲／母亲""我是一位公益志愿者"。你还有可能回答我你的业余爱好和你的激情所在，比如，"我是个电影迷""我是个业余足球选手"。

你会说"我是一个经常焦虑的人"或者"我是一个容易发怒的人"吗？基本不会，因为这不是你的本质。

我们不会在聚会上告诉一位陌生人我们"是一个经常焦虑的人"或者"是一个容易发怒的人"。但是我们却会向自己传达类似的信息，尤其是当我们产生这些难以控制的情绪时。我们还有可能对关心我们的朋友说，那就是我们的感受。

心理学中有一种技术叫作"认知解离"，是指我们可以将自我与我们产生的情绪、想法分离开来，站在旁观者的角度看待它们。这种技术可以帮助我们远离消极情绪和负面想法。

心理学家已经证明仅仅描述我们的感受并不能帮助我们摆脱消极情绪，"第三代"心理疗法的核心原理是"我们不是我们的情绪"。情绪是短暂的体验，我们每时每刻都能产生情绪，但是我们不能由我们的情绪来定义自我。所以，我们在特定时刻可能会体验到焦虑、紧张、失望或者内疚，但是它们只是你的一部分。

对于我们产生的想法，道理也是一样的。例如，你可能认为"这简直是一场灾难"或者"我无能为力"。但是请记住，我们并不是我们的想法。我们都会产生很多负面想法，但这些想法未必都是事实——它们只是关于事实的主观看法，并不能百分之百地反映真实情况。

下一个自信力助推器旨在将我们自己与我们所产生的消极情绪和负面想法分离开来。通过这种做法，我们能更好地看待和调整我们的情绪与想法，成为它们的主人。

心理学家发现，当我们被我们所产生的消极情绪和负面想法包围时，我们倾向于与它们融为一体，似乎这些情

第 3 章

学会感受自信力

绪和想法就是我们自身。所以心理学家创造了认知解离技术，而我更喜欢使用"分隔"或者"远离"之类的术语。实际上这些术语所蕴含的思想都是相同的：我们的情绪和想法都是暂时的，并不能真实地反映正在发生的事情。

自信力助推器：认知解离

挑战级别：初级（这是一种相对直接的练习，即把自我与情绪和想法分隔开来）。

认知解离技术的观点是，尽管我们会产生不好的情绪或者想法，但是我们并不等同于我们的情绪或者想法。

当你感觉心烦意乱时，可以尝试使用下面的一种或多种方法来分离你与你的情绪和想法。

• 通过描述你的感受，你可以提醒自己：你并不等同于你的情绪和想法。你可能会这样描述："我此时此刻感觉很失望。""一种深深的焦虑感正在流经我的躯体。"然后你要这样告诉自己："但是这种感受只是我的一小部分，我能够超越我产生的感受。"

• 想象一下你对自己说了一句很愚蠢的话，就像一个小孩傻里傻气地告诉你他的房子实际上是由奶酪做成的。现在你可以哈哈大笑，缓解自己的消极情绪和负面想法。你会说一句什么样的话呢？这句话可以是"我感觉非常抑郁"或者"这真是糟糕透顶"。你可以用较慢的语速重复说这句话，或者以一种滑稽的方式大声说出来，这样就能将你的情绪和想法外化了。

• 运用心理图像将你与你的体验分隔开来。例如，你可以想象在你与你的情绪和想法之间立起了一堵高大的、坚不可摧的墙，或者是一个盾牌。你还可以想象你正在看一部电影，电影中的你产生了那些情绪和想法，但是真实的你却可以从电影中走出来，将那些情绪和想法甩在身后。

这一自信力助推器在某种程度上与前面提到的FACADe技术是类似的（见本书第47页的自信力助推器：用FACADe法揭开想法真面目）。FACADe技术帮助我们以一种理性的方式拆解我们的想法，而认知解离技术让我们对我们的消极情绪和负面想法一笑了之，或者让我们想象它们是微不足道的，从而将我们与它们分隔开来。

如果他们能做到……

苏米尔是一位 44 岁的金融顾问，她说她经常感觉情绪起伏不定，总是倾向于将事情夸大。不管是在公司还是在家里，只要出现了什么差错，她就会非常生气、失望或者沮丧。

她想尝试使用认知解离技术来缓解消极情绪和改善工作状态。她曾明确地说，当她开始变得情绪化时，经常能感觉到自己胃部肌肉的痉挛。后来，她学会了处理自己的情绪。当她感觉不好时，她就捏住自己的鼻子，紧闭鼻孔，然后反复告诉自己现在的体验，比如"我感觉心烦意乱，但是我知道这种糟糕的感受不会永远持续下去"或者"这种令人窒息的感受终将成为过去"。

她多次重复说出自己的感受，以确保自己能深刻地意识到她的情绪和想法仅仅只是情绪和想法，而不是事实。她发现捏住鼻子让她的声音听起来很可笑，这有助于进一步提醒她，她的情绪和想法有时是荒谬和不合理的。

应用多种技巧

掌握了基本的腹式呼吸技巧，并且可以将自己与情绪分隔开之后，你也可以尝试另一种更高级的"自信力助推器"。ABCD法包含四个步骤，它不仅可以帮助你控制自己的呼吸，还是一种应对强烈的紧张感、忧虑感或者其他感觉的好办法。

自信力助推器：用 ABCD 法调节情绪

挑战级别：中级（这是一种快速见效的技术，你可以在几分钟内就让自己的内心恢复平静，但是你必须首先熟练掌握腹式呼吸法）。

当你情绪低落时，不妨按照下面四个步骤来做。练习的重点不是忽视消极情绪，或者假装它们并不存在。相反，重要的是接受情绪，同时继续自己的生活，做好应该做的事。

• 承认你的感受。我们有感受，这是我们作为人类的一个重要特征。企图忽视或压抑感受是没有用的。所以，第一步就是要接受自己的感受。你需要观察自己身体的变化、想法和自己体验到的感受，花时间来理解这些感受。然后，不管感受是什么，都要把它说出来或写下来，给感受贴一个"标签"。例如，"这是一种烦闷的感觉"或"这是一种恐惧感"。

• 调节呼吸。现在，请采用腹式呼吸。注意空气渐渐充满了你的腹部，然后再将其呼出来，不断重复。在此过程中，焦虑感或消极的想法可能会不断地出现在你的脑海中，但是请专注于自己的呼吸，这样一来那些负面的想法对你的影响就会变小。同时，放松肌肉，放松下巴，松开拳头，肩部的紧张感也慢慢消退。一直这样呼吸，直到你感到消极感受开始减弱为止。

• 轻声笑。是的，你没有看错，就是要笑。在公共场所大声笑可能不太合适，但至少你要微笑，要让你的脸上始终挂着微笑。令人难以置信的是，实验发现，露出牙齿强迫自己微笑真的可以让人的心情好起来，即使你主观上不想让自己的情绪好转（我将在后面的章节详加解释），这样做也依然奏效。请记住，行为可以影响心情。所以，尽管微笑违背了你的初衷，微笑还是能够缓解紧张感，帮你远离消极情绪，恢复

85

好心情。

• 做一些积极的事。现在，你应该已经做好准备去做一些需要做的事情了吧！当然，你的情绪可能在告诉你要逃离现状，但是完成前面的三个步骤后，你应该理智地从情绪手中夺回控制权。所以，无论你是需要去参加聚会，还是去约会，或者是要参加考试，你都要告诉自己做这些是应该的。

关注此时此地

有时候你是不是虽然躺在床上，脑海中却充满着各种烦恼，因而久久无法入睡？事实上，很多人都遇到过这种情况。调查表明，三分之一的成年人都有偶发性失眠的经历。

当你马上要面临一个让你备感压力的事件（如做报告、参加考试或者约会）时，你的脑子里可能会充斥着各种焦虑的想法，类似该做什么、不该做什么、哪些地方可能出错等。但是，你也一定非常清楚，在应该好好睡觉的时候担心这些是完全没有用的。

接下来我们要介绍一种以古老方法为基础的自信力助推器。正念疗法已经被宗教僧人使用了上千年。现在心理学家对这种疗法进行了改进，以便让更多的人能够从中受益。

自信力助推器：正念疗法

挑战等级：高级（这是一种非常强大的技术，大多数人发现自己需要经过几个月的勤奋练习才能熟练掌握。许多心理治疗师建议每天进行 20 ~ 40 分钟的正念训练，这样能产生最好的效果。一些人能在短时间内产生效果，但是请你不要期望通过几天的练习就能让奇迹诞生，所以不要三天打鱼两天晒网）。

正念疗法的核心在于强调当下的体验，而不是沉迷于过去或者担忧未来。正念疗法的核心理念非常简单，那就是将注意力放在当下体验上的同时，清空内心对当下体验的评价。也就是说，不把自己的主观判断带入其中，而只是单纯地体验身边的事物。

很多人都发现，自己内在的声音每时每刻都在对周围的事物喋喋不休地发表着评论：有些人一听到警笛响起来，便开始猜测到底发生了什么；有些人看见一只漂亮的小狗，便会想"真可爱啊"；有些人在镜子里看到自己的形象，便会根据当时的心情做出"看起来很好"或是"看起来很糟"的判断。当我写下本书的这一章时，听到了热水从锅炉注入暖气片的声音，我便想外面一定很冷。但是，正念疗法要求我们消除所有类似的想法，不论是好是坏还是中立的。正念疗法其实就是一种清除脑中杂念，营造宁静一隅的能力。

不论是躺在床上，坐在桌边还是走在路上，你都可能因为担心一些事情而忧心忡忡，但正念疗法可以随时随地派上用场。

☺进行训练之前，你要保证自己的肌肉是放松而舒适的。有时候因为压力，我们的肩膀会绷紧，眉毛会皱起，这时要先让肌肉放松下来。洗个热水澡，深深地吸一口气再呼出来，然后闭上眼睛，这样就差不多放松了。

☺保持呼吸方式不要变，将注意力集中在自己的呼吸上，感受呼吸。

☺你也许会听到脑海中有一个声音在说话，这是很正常的。现在你要尝试让那个内在的声音离你远一点。这样一来，虽然你还是能够听到它，但是由于距离变远了，声音就显得不那么大了。

☺接下来在你的脑海中想象这样一幅画面：在一个漆黑的晚上，有一条被路灯照亮、两端向远方无限延伸的街道。你的各种想法便是这街道上开过的汽车。首先，想象你站在街道旁的人行道上，自己正在往后飞，街道在离你远去，越来越远。最后，你虽然还可以看到汽车从街道上开过，但是你已经无法分辨出汽车的细节了。

☺有时候你可能还是能分辨出突然闯入你脑子里的某个念头，但没有关系，你不要去理它，不要去关注它或者压抑它，你只需把它当作远方街道上驶过的一辆汽车，由它去便是。尽量让自己保持在这种精神状态下至少十分钟。

只需要几分钟的正念练习，你就可以摆脱那些横冲直撞的念头，消除那个喋喋不休的内在声音。只要简单地任由它们过去，你就可以打破烦恼、焦虑、恐惧、后悔等负面情绪形成的消极循环。

除了消除失眠和放松身心之外，正念疗法还可用于其他多种情况。曾经有一个因为过度焦虑而无法正常锻炼的人来找我做辅导。他住在郊区，每天下班之后都去跑步。尽管经过的都是美丽的田园风光，他却视而不见，因为他总在想着自己白天工作时犯下的错误、没有处理好的事情以及第二天要做的工作。即便听音乐也没有用，因为那些焦虑的念头把所有的声音都盖住了。后来我让他尝试在晚上跑步的时候进行正念训练。经过一段时间的训练之后，他终于放下了负担，重新享受跑步的乐趣。

管理你的内心

练习使用正念疗法是一个熟能生巧的过程，做得越多就越熟练，收获也会越多。哈佛大学医学院的萨拉·拉扎尔（Sara Lazar）博士发现，正念训练能够帮助增加大脑负责情绪加工的岛叶的厚度。因此，就像锻炼身体能够增强肌肉一样，精神锻炼也能够让我们的大脑变得更强大。很神奇吧！

我总是向来访者推荐利用正念疗法缓解焦虑，但是有些来访者却对此疗法的疗效表示怀疑。他们觉得这种疗法对自己这样聪明、思维活跃、充满想法、想象力丰富的人不会有好效果的。然而，事实恰好相反：用脑越多的人，越需要偶尔让脑子停下来休息一下。正念疗法正是起到了这个作用。

你可以现在就试试正念疗法，不论你正坐在家里最舒适的椅子上，还是在上下班高峰期拥挤的地铁上，都没有关系。将注意力放在你身边正在发生的事情上，但不要思考或是评价，只是去感受。你可以把这本书放下，把手机暂时关掉，也可以闭上眼睛让自己更容易集中精神（前提是在保证人身安全的情况下）。把全部的注意力都集中在你听到的声音、体验到的感受还有自己脑海中掠过的念头上。这样坚持五分钟，然后看看你的感觉会不会有变化。

自信力小贴示

☺学会控制呼吸能帮助你集中注意力和调节情绪。每天都要习惯于做几分钟的腹式呼吸法练习（即使你没有面对任何压力），这样你就能在心烦意乱时熟练地使用腹式呼吸法让自己放松下来并感到自信。□

☺请你记住，人无完人，我们都会体验到消极情绪。你有时可能会通过与自己的感受做斗争来让自己振作，但是对一些人而言，更好的策略是接纳自己的感受，继续去做自己应该做的事情。事实上，这就像是说："我感觉很焦虑，但是没有关系，我仍然要做我应该做的事情。" □

☺当我们产生强烈的难以控制的消极情绪或者负面想法时，我们几乎快被它们打倒了。我们忘记了一点，即我们的情绪或者想法都只是我们的一部分，而且它们的存在是短暂的。我们可以拿它们开玩笑，或者像看电影一样观看它们，从而将我们自己与它们分隔开来。□

☺如果总是沉迷过去或担心未来，那你就丢掉了自己的现在。此时，你需要使用正念疗法将自己的注意力集中在此时此刻。□

学会感受自信力

罗布·杨教授

> 你有崇拜的人吗？

有。

罗布·杨教授

> TA 的一举一动都看起来很自信吗？

对，无论何时看起来都很自信。

罗布·杨教授

> 你可以摆出 TA 的姿势和手势吗？

我可不行，我又不是明星。

罗布·杨教授

> 也许再自信一点，你就不会这么想了。

第 4 章
举手投足，彰显自信

如果你够自信，那么什么事都难不倒你。

——杰西卡·奥尔芭，好莱坞女影星

你注意到了吗？自信的人似乎总能彰显个性，身上散发着一种传奇色彩，而缺乏自信的人则似乎总在退缩。其实大多数人在开口说话之前，他们的肢体语言已经在传递信息了。他们的姿势、手势、眼神与面部表情都在不断地透露着他们的心理活动。但是你也可以通过控制自己的肢体语言，传达出你想要传达的非语言信息。不管感受如何，你都可以让充满自信的肢体语言成为习惯。如此一来，你的一言一行处处都透着自信，与他人沟通时也更有信心。但这不是在假装自信蒙骗他人。可能你已经猜到了，这是在利用之前提到的"人的所思、所感、所为相互影响"的理念。如果你下定决心使用自信的肢体语言，那么你就能自信地思考，也能感受到自信，心理学家将此称为"回溯理性原则（the principle of retrospective rationality）"。人的大脑愿意相信那些与信念一致的行为方式。所以一旦你开始像自信的人那样行动，大脑就会强迫你相信自己是一个自信的人，进而解释你的行为。

更有趣的是，自信是可以传染的。许多人（包括你自己在内）觉得当众表演或与他人互动时是最需要自信的。当你看起来很自信的时候，别人也能感受到你的自信，他们相信你会表现得很好。你要将注意力放在自己的优异表现上，而不是盯着自己的失误不放。虽然他们并不知道你脑子里在想什么，更不知道你紧张与否，但是一旦你表现出自信的样子，他们就会相信你是自信的，也会将你作为一个自信的人来对待。

无论你怎样想，表现出自信的人绝对是赢家。

> 如果你是个热情的人，你就会吸引热情的人。
>
> ——诺曼•文森特•皮尔牧师

自信的人有哪些特别的肢体语言

尽管你并不总能装成自信的样子，但幸运的是，你对自己肢体语言的了解远比你想象得更深刻。

自信力行动派

在脑海中找出一些你认识的或者你曾注意到的自信的人，也包括在电视上看到的人。请回想一下，他们的样子如何？谈吐如何？

☺ 他们是如何展示自己的？

☺ 他们的手势是怎样的？

☺ 你可以从他们脸上看到什么表情？

☺ 当他们说话时，声音听起来怎么样？

我相信你立刻就能准确指出自信的人和不太自信的人之间的差异。那么，让我们来看看你怎样才能表现得和前者一样自信吧！

95

昂首挺胸，让自己看上去很自信

我曾经一直不懂，为何超人电影和电视剧中的人们看不出克拉克·肯特（Clark Kent）就是超人本人。其实，演员主要通过对这两个角色姿态的理解将二者做了区分。比如，超人站得笔直，扬着下巴，昂首挺胸，而克拉克·肯特则佝偻着肩膀，眼睛只盯着眼前几步远的地方。

你判断某人自信与否的首要依据就是他们走路的方式和姿态。即使离得很远（远到你无法和他们近距离地进行目光接触），你也能看出某人是像失败者那样垂头丧气，还是自信地昂首挺胸。因此，想要表现出自信的捷径就是找出适合你的姿态。

假设你的头上吊着一串银链子，仿佛有一个看不见的巨人在高处像操控木偶一样操控着你，现在他把银链子拉直了。从现在开始，不管你是站在火车站台上，还是坐在飞机上，或者正在泡澡，甚至只是在椅子上坐着，都要想着现在正有人轻轻地拉着那串银链子。于是，你便挺直了后背，抬起了头，颈部的肌肉也拉长了。其实你全身的肌肉都在拉伸，这让你看起来很自信。

但是，我们常常懒得保持挺拔的姿态，特别是在累的时候。所以，接下来的几天你要不断尝试，努力监督自己的姿态，并想象着木偶大师正在轻轻地向上拉着你。

行动起来：见贤思齐

挑战等级：初级（你现在的自信程度无关紧要。这种练习只涉及观察周围的人并思考这个问题："他们做了或者说了什么让他们看起来很自信？"）。

通过学习自信的榜样，你可以更快领略到自信的肢体语言的神秘力量。你可能认识一位朋友，他在社交场合非常迷人、有趣；可能你崇拜某个名人，他在电视节目中谈话时散发着自信的魅力。你的榜样可以是真实的人，也可以是虚构的人；可以是健在的人；也可以是已故的人。当我在做演讲时，我脑海里浮现的是《星际迷航：下一代》中让·卢克·皮卡德舰长（帕特里克·斯图尔特扮演的经典角色）那洪亮的声音和自信的举止，我认为他就是自信和庄严的象征。

但是，你要确保自己发自内心地崇拜和敬佩这些榜样。不要模仿那些你厌恶的人的行为。不管你喜欢榜样的哪一点，都要仔细观察他们的一举一动，把它们作为灵感来源。那么，现在想一想，谁的自信是你期待拥有的？写下至少三个榜样的名字，从电视或网络上截取有关他们的视频片段。然后仔细观察，他们都摆了些什么样的姿势？用了什么样的手势、什么样的肢体语言？他们说话的声音怎样？他们准确地运用了什么词语？然后，看一下你是否可以模仿他们的某些行为、词语和习惯（这些行为、词语和习惯正是你所喜欢的），来帮你自信地展现自己。

别让小动作出卖了你的不自信

即使人们背对着你，你也能判断他们是否自信，因为你只需要观察他们的手和身体动作就足以判断。公司的大牌人物或电视主持人不会在他们的口袋里装上叮叮当当的零钱，或者抓耳挠腮。他们也不会单腿站着或者咬手指。他们不抖脚，也不会坐立不安。这些行为在他们身上都看不到，因为不停地动来动去会让人觉得他们心神不宁。小动作看起来像在抽搐、发抖或者痉挛，只有优雅、放松的动作才能折射出自信。

因此，当别人正在谈话时，你的手应尽量不要有动作并保持放松状态，你要做一个稳重的聆听者。如果你不知道手该放哪里，那么看看你周围那些自信的人，他们或许可以给你提供一些参考。一定要控制自己，不要出现下面这些小动作：

☺ 摆弄物体，比如笔、戒指或钥匙链；

☺ 摸头发、脸或者身体其他某处；

☺ 吮吸手指或咬指甲；

☺ 交叉双臂甚至抱着胸（除非你想让别人觉得你的戒备心很重）。

然而，当你在讲话时一定要用双手来辅助自己阐述观点。关于肢体语言的研究告诉我们，说话时有手势的人，在视觉上更容易被人注意到，在心理上也能让人们听得更加投入。但是双手动作幅度要大。例如，把手掌向上摊意味着你在邀请并鼓励他人关注你。同时，你还要观察自己的脚正在做什么，特别是坐着的时候。不自信的人比充满自信的人更喜欢跺脚或者交叉双腿。自信的男人往往将双脚平放在地上，双腿微微分开地坐着；自信的女人坐着的时候通常把双脚放在地上，双膝并拢。

学会自信的姿态并不是一蹴而就的，这需要有意识地去控制自己。虽然有时你会忘记注意自己的姿态、手和脚，但只要坚持下去，你就一定能做得更好。

自信力助推器：肌肉放松法

挑战等级：初级（这是一种简单的放松技术，每天大概需要 10 分钟。 当你进行过几周或者几个月的练习后，你将发现你能够在更短的时间内更深入地放松身心）。

按摩师是否曾告诉过你，你的肩膀和背部因为紧张而变得很紧绷？很多人都是如此。当人们觉得焦虑时，许多人的身体都会变得紧绷。你的肩膀会向耳朵的方向耸起来，拳头也会不自然地紧握。当感到有压力的时候，你甚至可能会紧缩下颌，咬紧牙关。但昂首挺胸和紧绷全身肌肉是两回事。正确的站姿是挺拔、向上的，但身体的肌肉，特别是肩膀和后背则是放松的。所以，你应该让肩膀足够放松，行动起来才自然。

如果你很紧张，那么你可以在面对众人之前，花几分钟时间利用一个渐进式的肌肉放松法来放松一下。你需要在心里默想：从头到脚，身体的肌肉先紧绷再放松。像念清单一样检查自己身体的各个部位，消除紧张感。

☺ 绷紧面部和下巴的肌肉。绷住脸，咬紧牙关几秒钟，然后放松。让下巴松弛下来，有意识地放松脸颊、额头和眼睛周围的肌肉。

☺ 现在换到肩膀、后背、胸部和手。握紧拳头，紧绷上半身肌肉，就像在准备用拳猛击某人那样。紧握几秒钟然后放松。

☺ 接下来是肚子。用尽全身的力气绷紧它，然后放松。再到臀部，绷紧几秒钟再放松。

☺ 下面将注意力集中到大腿上。把脚放在地上，双膝并拢以绷紧大腿。最后是脚。把脚趾缩成一团，保持几秒钟后再放松。

你需要在家里反复练习，直到熟练掌握这些步骤为止，这样你在其他情境下也可以很自然地做到了。不管是在去见客户的火车上，还是在等待报幕员邀请你上台的时候，一旦习惯了这种肌肉放松法，你就可以将它与腹式呼吸结合起来，收获更好的效果。

当你觉得你可以轻松地进入深层次的放松状态时，尽量将深层次的放松与其他技巧相结合。许多人甚至开始思考具有挑战性的情况，例如与老板谈判或者发表演讲。所以你可以在深层次的放松状态下想象这些具有挑战性的情境来让自己做好准备。

如果你想在心中预演具有挑战性的情况，你可能需要尝试以下步骤。

1. 列出你想在心中预演的具有挑战性的情况。

2. 按照这些情况所具有的挑战程度（低、中、高），在一张纸上划分出三栏。

3. 选出挑战程度低的情况，然后使用肌肉放松技巧使自己进入放松状态。

4. 一旦你感觉很放松，那就想象出你选出的那种情况，进行心理层面上的预演。

5. 当你征服挑战程度低的情况后，你就可以循序渐进地向更复杂的情况发起挑战了。

"装模作样"也许是个好办法

我有一个问题想问你：你是因为快乐才微笑，还是因为微笑才快乐？

如果你认为人们微笑是因为他们快乐，这么说倒也没错。但研究告诉我们，那些微笑的人哪怕最初并不开心，最后还是变得更开心了。所以，不管你觉得人们是因为快乐才微笑，还是因为微笑才快乐，你都没错。这不是很棒吗？无论怎样回答这个问题，我们都是对的。

20世纪70年代，心理学家做了一个实验，让一些既不觉得难过也不觉得高兴的人皱眉或微笑几分钟。结果发现，那些皱眉的人感到更加悲伤了，而那些微笑的人则觉得更加快乐了。由此可见，简单的微笑动作能够启动你的神经系统，释放许多让你心情舒畅的激素。

因此，如果你想摆脱坏心情，建立自信，那么微笑吧！喝一点提神的饮料，露齿而笑，保持笑容几分钟。即使最初会觉得不自然，但还是要一直这样做下去，直到脸开始酸痛为止，甚至有时你还需要笑出声才行。我认识一些人，他们在自己桌子下的抽屉里放着最喜欢的卡通人物贴纸，或者在电脑里收藏了一些笑话网站来让自己笑起来。的确，刚开始这样做可能会很怪，所以如果不想让别人觉得自己是个怪人，我建议你在别人看不到你的地方做这些事。

再回想一下人的行为、想法与感受的循环关系图，你就能豁然开朗了。如果你做了微笑的动作，你就会开始思考关于愉悦的概念，进而感觉更加快乐和自信。我曾听说顺境中人们很容易扬起笑容，但遇到挫折时保持微笑才是最重要的。因此，相信 20 世纪 70 年代的科学家们得出的理论，你将受益匪浅。

"臭美"让你更自信

无论是出门约会，还是在职场上，你都可以通过自己的外貌和着装，让自己变得更加自信。在理想世界里，我们可能会说内在美更重要。然而，在现实生活中，我们却常常以貌取人。我做过很多一对一的辅导，涉及的领域包括求职、职业转变、建立自信和创业等。假设你来找我咨询，我却穿着遛狗时穿的松松垮垮的运动裤和羊毛衫来见你，你对我的印象肯定不好，不是吗？

我们的外貌很重要，因为外貌会极大地影响别人对待我们的方式。如果人们因为你凌乱又过时的穿着嘲笑你，这将不利于你提升自信，不是吗？

行动起来：为成功打扮起来

挑战等级：初级（这需要你拿出一点勇气去寻求合适的人给予帮助，但是你一旦向他们提出了请求，你就要坐下来倾听他们的建议）。

你可能已经有一套自己最喜欢，也让你觉得很自信的衣服了。但是，为什么只能有一两套最好的衣服呢？不妨向你最亲密的朋友们取取经多选几套好衣服。但挑选朋友要基于两个原则：第一，他们必须是支持和鼓励你的，从来不对你或者你的想法置之不理；第二，他们在那些你想变得更加自信的场合下的审美观必须是你所钦佩的。例如，一个能在面试或工作场合的着装方面给你意见的人，可能不适合帮你选择聚会和约会服装。

你可以向他们询问关于下列问题的建议。

☺衣服。可能的话，邀请你的朋友周末到你家里来，帮你丢掉那些你从来不穿的衣服，然后一起出去买一

103

些让你觉得既舒服又好看的衣服。这些衣服不必很昂贵，只要能让你感觉很好就可以。

☺ 发型。你是不是该给头发做一次深度保养，或者做一个全新的发型？

☺ 妆容（如果合适的话）。你的妆容可能几年前很流行，但现在是不是要再提亮一些或者再淡化一些呢？

☺ 饰品。比如，你的眼镜让你看起来很老气吗？你现在用的公文包或者手提包是不是很旧，或者它是否让你看起来很不专业？

不要认为别人向你提出建议是在针对你。记住，你把他们挑选出来是为了来帮助你！接下来，采取一些必要的步骤来让自己感受到应有的自信吧！

眼神交流至关重要

眼神交流很重要。无论你是在和客户谈判，或是在邀请某人和你约会，还是在一屋子来参加婚礼的客人面前致辞，都需要看着别人的眼睛。自信的人会勇敢地用眼神进行交流，因为一直避免与他人四目相视看起来就像是心里有鬼，或者看起来很紧张，抑或两者皆有。

但是眼神交流与凝视之间有着明显的区别。眼神交流的黄金法则是当别人说话时，你要看着对方的眼睛，而轮到你说话的时候就可以把目光移开。通过观察别人你会发现，当人们不得不思考自己正在说的事情，或者需要思考自己正在描述的一种印象或想法时，他们就会移开自己的视线。

心理学家早在 20 世纪 70 年代就开始关注眼神交流了。他们发现，当你在倾听别人的谈话时，应该至少有 80%~90% 的时间要看着说话的人。而当轮到你讲话时，就应该将注视别人的时间减少到 50% 左右。如果你在讲话时一直盯着别人看，别人就会认为你有点不礼貌，但是如果注视别人的时间太短又会让人觉得你很害羞。

当然，我并不希望你在注视别人的时候还要计算时间。只要你确定眼睛在看着什么，确保自己可以表现得更自信就可以了。

声音为你增添自信的魅力

人们说话的方式，相比他们所说的内容，往往能够传递出更多信息。那些说话声音很轻的人会被贴上"像老鼠一样安静"的标签。如果说话声音太大，又可能会让人觉得"像老鼠一样叽叽喳喳"。你并不想成为那样的人，不是吗？

> 有权力的人说话很慢，而那些随从们则说话很快，因为如果不快，就没有人再听他们讲话了。
>
> ——迈克尔·凯恩，演员

我会让你建立起雄狮般的自信，而不是变得像老鼠一样。让你的声音听起来充满自信，窍门其实非常容易记：缓慢、低沉、有力、洪亮。

此时回忆一下你认识的那些自信的人。他们说话时的声音如何？他们的声音应该是洪亮、有力的，而且他们说话不会含糊不清、喃喃自语，或者声音太低以至于你要很费力才能听清楚他们说的是什么。他们说话不会像小猫、小狗的叫声一样，而且语速不会太快，字字清晰。所以，说话要慢，但要低沉、洪亮。让我们看看你应该如何做到这一点。

☺慢慢讲。控制语速，有意放慢讲话的速度。你不仅要将每个句子都说得慢一些，而且要在一个句子的结尾和下个句子的开头之间停顿一下，喘口气，用心斟酌措辞，然后再继续讲下去。

☺音高。自信的人不会大声尖叫、惨叫或者咯咯地笑。他们用低沉、稳重的音调说话。当然，你的声音有自己的音域，所以我只是建议你用自己较低的声调来说话，而不是强迫声音不自然地降低到极限。

☺音量。自信的人讲话的声音很洪亮。你也需要这样做。如果你不相信我，不妨问问好朋友的看法，恳请他们告诉你真相。你说话时偶尔可以大点声音吗？

这听起来很简单，但不要期望你可以立即成为一个自信的演讲家。刚开始你可能会觉得不自然，不由得做出鬼脸，觉得自己的声音很奇怪或者太大声了。但是我敢打赌，实际上你的声音听起来比其他人都要好。所以，给自己一点时间，你正在培养一个会影响你一生的习惯。每次参加会议、打电话，或者在聚会上和某人交谈时，都要提醒自己"缓慢、低沉、洪亮"，很快你就会发现自己正向人们传递着一种强大的自信力。

自信力助推器：发声韵律操

挑战等级：初级（当你这样做时，你便会感到你的自我意识有些增强了。如果能用一两分钟的时间完全投入其中，你会发现这将有助于你更加流利地表达你的看法）。

为了让你能够表达清楚、声音洪亮、清晰，无论你接下来要做什么，都要用一用下面这个有趣的小技巧，让你的嘴唇、喉咙和舌头来次热身吧！

这是一位著名的话剧导演教给我的。当人觉得有压力的时候，他的舌头会特别容易打结，所以不妨找一个不会被人偷听的地方，大声而清晰地练习发出下列音节。

"puh buh"——"p"和"b"的发音可以让口腔前侧和嘴唇做好准备。

107

"Kuh guh"——这两个连续的发音可以让喉咙和舌头后侧做好准备。

"Tuh duh"——这两个发音可以让嘴巴的中间部分，包括舌尖都做好准备。

放大嘴唇和脸部的动作幅度，充分感受肌肉的变化。可能的话，请在镜子前做练习，这样就可以看到自己的嘴唇和脸部的运动了。轻声地从一对音节开始，至少重复读12次（如，"Puh buh, Puh buh, Puh buh…"），每次稍微大声一点，要感觉这些发音是从口中吐出来的。

同时，要记得运用腹式呼吸。将空气深呼吸到腹部有助于使声音变得更洪亮，谈话更持久而不会上气不接下气。

影响你自信的口头禅

在我职业生涯的早期，我和一个同事一起创办了一个研究会。一开始我大概讲了半个小时，原以为进展得还算顺利，但同事告诉我，仅仅在刚开始的10分钟内，我就说了40多次"你知道"。后来她觉得很无聊就不再数了。

我觉得很尴尬，也对自己很生气。但这是一个很好的教训，因为很多人都有自己的口头禅，比如"有点""喜欢""我的意思是"或"你知道"。这些口头禅对沟通没有任何帮助，只是拉长了讲话的时间而已。所以，你要留意自己的口头禅。"呃"和"嗯"是最常见的两种口头禅，但也要小心以下这些。

☺ 我只是办公室经理而已。

☺ 它只不过是我的爱好而已。

☺ 我希望我们以后可以再相见。

请留意上面出现的"只是""只不过"和"我希望"这三个词语，它们会让人觉得你很软弱，所以讲话时要尽量避开它们。不要说"我会去试试的"，而要说"我会的"；不要说"我认为我不喜欢……"，而要说"我知道我……"。不要说"我恐怕不能参加这次会议了"，而要直接说"我不能参加这次会议了"。

多使用一些正面、积极的话语也无妨。当我得知自己一直在用"你知道"后，有一阵子我觉得很难为情。每当我说"你知道"的时候，我内心的批评家就会跳出来，让我觉得自己很愚蠢。但是后来就好过一些了，因为通过在谈话之前故意停顿，并有意识地斟酌用词，我把那些可怕的口头禅从我的词典中彻底剔除了出去。

你也可以请朋友搭把手，帮你把那些让人感觉犹豫不决的词语从你的日常用语中淘汰出去，在你下次说话的时候（可能是工作中的一次会议上，或者是一次朋友聚会上）观察你，然后告诉你哪些话语反映出你不够自信。了解到自己什么地方做错了，才能开始改正。

如果他们能做到……

55岁的唐纳德是一家大型银行的区域主管。他管理着400多家分行的近6 000名员工。然而，他却需要我的辅导，因为他觉得自己的职业生涯已经停滞不前了。他注意到，尽管其他区域主管的业绩没有他的好，但是他们都在他之前得到了晋升。一直到现在，他还在试图用自己的成就向上级证明自己的能力，但是显然公司高层认为业绩的说服力还不够。经过几次讨论，我们一致认为，他需要提升自己的知名度，并与公司内部高层建立良好的人际关系，毕竟这些高层掌握着他晋升与否的决定权。

于是，他开始观察同事们是怎样提高自己的知名度的。他逐渐意识到，问题的关键是他应该让自己的成就被注意到。其中一个关键的行为就是在开会时多发言。那些在团体会议中发言最多的同事，似乎更能受到高层的青睐。几乎无论其贡献价值有几何，仅仅是勇敢发言的行为，就可以让他们得到那些重要人物的关注。所以，他便以开会时多发言为目标改变自己。刚开始，他和那些没有勇气主动站起来发言的人一样，只是仔细观察别人是怎样说的。在开会之前，他会花一些时间去准备可能用得到的评论和问题，但实际看起来却很像即兴发言。

同时，他也注意到，很多人都在积极地拜访伦敦总行，而他只有在不得已的时候才去，甚至许多同事打着汇报工作的旗号，走访了很多本来不需要见的人。其实他们正是这样建立起自己的人际关系的。

通过对自己的行为做出一些简单的改变，唐纳德坚信，当下次晋升机会到来的时候，他一定会是一个强有力的竞争者。

自信从改掉旧习惯开始

虽然已经有了理论，但是在实践中到底应该怎样建立自信呢？

其实改变行为简单得令人难以置信，但又令人痛苦万分。说它简单是因为它很容易理解，比如挺起腰杆或者大声讲话都不像复杂运算那样困难。说它令人痛苦是因为改变任何习惯都会如此。

以戒烟为例。理论上相当简单，把烟扔在烟盒里再也不去理它便是。但是很多人都无法成功戒烟，因为他们已经习惯了早晨起来先抽根烟，或者和朋友们边抽烟边喝咖啡或啤酒。

同样地，改变那些曾经让你举止不自信的生活习惯也会非常困难。理念很容易掌握，但从现在起，你只有不断努力才能将新的习惯固定下来。如果你想在行为上更加自信，就需要去练习它，反复去做。付出越多，收获才会越多。

自信力行动派

在使用肢体语言让自己变得更自信时，很多人错就错在总想同时做许多事。所以，你最好先将注意力集中在其中一部分行为上，等完全掌握了技巧之后再开始练习其他部分。

你想最先从哪三种行为入手呢？

_____

_____

_____

把你想要做出的改变列成清单是一个伟大的开始。

无论你是想在社交场合变得更自信，还是想在面对挚爱时更加胸有成竹；无论你是想在网络上销售产品给客户时更自信满满，还是想在演讲时更加从容，读完下一章，你就能学会怎样为自己设置一个"SPOT"目标，轻松掌握自信技巧。

自信力小贴士

每记住一点，就打一个勾吧！

☺如果你想变得更自信，以自信的方式行事通常就意味着成功了一半，因为这样做可以重塑你对自己的看法和感受。□

☺你的姿态正在潜移默化地向他人传递着你的感

受。所以，请想象你的头顶正拴着一根银链子，不断地把你向上拉。这些体态上的改变会让你变得昂首挺胸、倍感自信。□

☺寻找周围有哪些自信的人。用心记住他们是怎样说话、怎样做事的，从他们那儿学点什么，并把这些吸纳到自己的行为中。□

☺坚持练习肌肉放松法，直到你能够自如地放松身体为止。□

☺不要期望这些练习能够一蹴而就。记住，摒弃坏习惯，形成好习惯需要耐心和练习。□

罗布·杨教授

你知道自己的优势是什么吗？

我很普通，没什么优势。 ?

罗布·杨教授

为什么这么想？

因为我会做的事别人也会。 ?

罗布·杨教授

也许再自信一点，你就不会这么想了。

第 5 章
打造自信力的行动计划

如果一个人信心百倍地朝着自己的梦想前进，并且努力去创造自己想象中的生活，那么他便会取得意想不到的成就。

——亨利·戴维·梭罗，作家

辣妹组合是历史上最受欢迎的女性流行乐队之一。尽管歌词有些老套，但她们的首张单曲《辣妹》在世界范围内的销量高达数百万。你一定听过这首歌，就是那首问你"What I Want, What I really really want（我想要什么，我真真切切地想要什么）"的歌。最后她们真真切切想要的是"zigazig ha"。

她们到底在说什么？我甚至不知道"zigazig ha"是一个动词还是一个名词，是一种行为还是一件事。但是不管它是什么，它却是辣妹组合真正想要的。那么，你真真切切想要的是什么呢？

有句谚语是这样讲的："你想做什么就可以做什么，但不可能做完所有的事。"如果你不设定目标，那就会一直漫无目的地漂泊着，不断地把精力分散在多个方向上，最终一事无成；而有了目标，就可以明确一个清晰的方向，制订计划，然后采取行动。

如果你像大部分人那样制订了新年计划，比如塑身、找到新工作、变得更善于交际、改掉一个坏习惯、存钱等，但也和大家一样一直忙来忙去，一直被其他事情拖后腿，那么你还是会回到原来的旧习惯、坏习惯中，没有任何改变。

但幸运的是，一项有着扎实基础的研究可以告诉你应该如何设定有效的并且是你期望达到的目标。接下来，我将和你分享这些步骤，来帮助你得到你真真切切想要得到的东西。

怀揣美好未来的人更自信

如果能看到未来，那岂不是很棒？如果你知道下一轮中奖的彩票号码，房价将会有怎样的变化，你的工作、人际关系、健康状况、子女问题和其他任何事情将会怎样发展，那该有多好。当然，谁也无法预测未来，但是你可以创造未来。

自信的人不会等待未来的降临，他们会主动创造未来。如果他们想拥有理想的工作和办公室，他们就会思考自己必须做些什么才能得到这些。如果他们想要稳定下来组建一个家庭，他们就会制造机会去遇见可能的人生伴侣。你也可以这样做。通过描绘你想要的生活愿景，来掌控自己的生活。

愿景？是的，我知道你想问我什么是愿景。其实，愿景就是你想要自己的生活何去何从的图景。如果生命是一次旅行，你的终点会在哪里？一旦你能明白自己正在朝着值得为之一搏的未来迈进时，就会认为这一路上的困难与阻碍都只是小麻烦而已。你会觉得胸有成竹、自信满满，因为你知道自己正在向前进。

大多数自信的人都有关于未来的愿景，至少是一个大致的方向，而不是一个死板的计划。他们可能不将其称之为愿景，但是这不意味着他们没有愿景。他们可能把愿景看作是长期的目标、计划、雄心壮志或者是生命的意义。最关键的是这种愿景他们人人都有，同样，你也可以拥有。

离自信更近一点

有些作者建议你花费大量的时间仔细思考你想要实现的愿景或者描述你想要达到的目标。事实上，我甚至在本书的前两版中也提出了这一点。但最近的研究表明，长时间地思考我们的未来和目标实际上并无益处。

对未来可能发生的事情做白日梦甚至可能使我们不太可能实现我们的目标。因此在本章中，与其花时间思考模糊的愿景，倒不如花更多时间去思考具体的目标和价值，确定行动方案，这能帮助我们更好地实现目标，还能让我们感到自信。

再渺小的个人优势也值得喝彩

构建愿景不等同于白日梦式的空想。当然，我也想成为一名像詹姆斯·邦德（James Bond）或杰森·伯恩（Jason Bourne）那样的顶级人物，但这几乎是不可能的。我虽然参加过远程射击比赛，但也知道自己的射击水平肯定低于平均水平。我不擅长与人争论，因为我知道在巨大的压力下我根本无法好好思考！

生活中，有助于成功的愿景一定要根植于现实：它一定要体现我们的长处与天赋，体现我们擅长做什么。每个人都有其独特的优势，而且只有当我们发挥自己的优势时才会更加自信。

现在不妨思考一下有哪些因素能促使一支足球队大获全胜。出色的中锋和守门员一定是主要的成功因素，但如果把守门员放在中锋的位置，而把中锋放在守门员的位置上，那会发生什么呢？你可以想象这两个球员的表现吗？毫无疑问，那肯定会非常糟糕。你认为这两个球员会对自己的新角色感到自信吗？肯定不会。

只有当人们专注于自己的优势而不是短处的时候，他们才会更加自信并且容易成功。所以如果你能扬长避短地构建自己的愿景，才能找到实现目标的最佳方式。

我确信，你能根据个人经验明白一点，那就是把自己的精力投入到自己喜欢的活动中，比投入到令你讨厌的活动中更能让你感兴趣。那么不妨想一想，你究竟讨厌做什么，又有哪些事情让你觉得很有趣呢？

许多人都轻视了自己的天赋。尽管天赋是与生俱来的，但这并不意味着别人也有同样的天赋。比如，你也许能很快学会一门外语，能让家人和朋友对你的厨艺印象深刻；你也许是一个技术奇才，总能修好别人的电脑；你也许总是对别人的遭遇感同身受。无论你的天赋是什么，当你充分利用它们的时候，就会觉得得心应手，很有力量，感觉一切都在掌控之中。

没有人可以事事精通。自信的人知道自己需要凭借自己的优势来获得认可，而不是为自己的弱势浪费时间，就像大卫·贝克汉姆（David Beckham）不会浪费时间来训练自己成为优秀的守门员一样。如果生活是一场足球赛，那么让我们找出自己的优势，弄清楚哪个位置最适合自己吧。

> 一个人不可能事事精通，但每个人都有自己的特长。
>
> ——欧里庇得斯，希腊剧作家

自信力行动派

为了帮你发掘自己的优势，下面我为你列出了两个常用句子的开头：

我擅长……

我喜欢……

用它们造句，每个开头至少写出 10 个句子。是的，10 句。大多数人对自己的优势并不是很清楚，所以你可能需要克服过分谦逊的天性。全面回想自己的生活，你的优势可能是在与人交往、处理数据、处理事件等方面，也可能是在与动物相处方面，还可能是在制订计划、烹饪、处理想法、追求时尚、面对自己等其他方面。请你迅速捕捉每一个能想到的长处，不管你认为它有多么平凡、琐碎，都要写下来。写完所有的句子之后，回头看一看，你发现了什么？

现在就试一试，拿出一张白纸，花 5 分钟来完成这些句子。你很快就会发现，你的脑中正不断涌现自己的新优势。如果你没有了灵感，为什么不请家人和朋友来帮忙呢？一起喝杯咖啡，打个电话，或者发一封邮件，向他们解释一下，说你已经参加了一个个人成长项目，需要一些建议。你也可以在社交网络上问大家一个问题，看看你的朋友们会怎么说，比如"你们觉得我擅长什么？"我敢打赌，你的亲朋好友比你更了解你的长处。所以，不用多久你就会得到很多关于自己长处的意见了。

时间充裕的时候，不妨做一做下面这种更有深度的优势训练。这项练习的目的是让你回忆过去的美好时光，帮你发现自己在不同的人生阶段中都利用过哪些优势。

不过这项练习无法一次完成，所以要慢慢来。你可以从翻阅老照片回忆过去的美好时光开始，想一想自己和哪些人在一起，曾有过哪些欢乐。你也可以坐在沙发上，一边拿着笔记本和笔，一边喝着酒。你还可以端着一杯热气腾腾的咖啡，拿着一个面包圈坐在计算机前。无论如何，重温过去的成就总是很有趣的！

行动起来：说出你的优势

挑战等级：高级（这是一个有益而深刻的练习。这不是一件你能在一两次课程中轻易完成的任务。为了最大限度地利用这种技术，你应该连续几天甚至几周每天都花费至少几个小时来进行练习）。

时常运用自身的优势的确可以帮你获得成功，并让你感到满足。然而，我们却经常不得不为其他事情分心，做那些不能充分利用我们优势的事。我们常认为自己年幼时反倒感觉更充实，所以这种讲故事的练习可以让你找到那些可能已经被你遗忘的自身优势。

让自己的记忆倒退至开始记事的那一年吧。有些人可能只能回忆起自己青少年时期的一些琐事，而有些人则能回忆起自己七八岁时的情景。无论怎样，先在一张白纸的最上方描述一下最早记事的那一年吧。

1. 列出那一年大致发生了什么事。粗略记下一些要点来提醒自己住在哪儿，和谁一起玩，在做些什么。老照片可能对唤起记忆非常有帮助。

2. 列出那一年的个人大事件。写下你经历的每一件大事或者取得的成就，同时确保你对成功的定义足够广泛，包括你完成的、承担责任的、克服的、让你自豪的或者给你带来乐趣的每件事情，不管大事小事，都记下来。你只需对这个阶段的每件事情写下一些词语或一个句子就可以了。但至少要写下两三件成功的事。

3. 然后重复前两步，描述接下来的每一年，直到今年为止。

4. 找出你最喜欢的时刻。对于那些曾经带给你最多欢乐的事或成就，写一段话来描述你是怎么做到的。以第一人称来描述（"我做了……"），就像你在给朋友讲故事那样。重点描述你采取的行动和做出的决定（做了什么，说了什么，发生了什么），因为正是这些行动和决定才让整个场景变成了令人难忘的一刻。

5. 注意故事里面自己的一言一行。仔细观察你做出的决定和采取的行动，你是利用了哪些天赋才取得每一个成就的？任何事都可能是你的长处。比如，你作为一个倾听者的时候，让他人感受到自我价值的时候，分析问题的时候，与动物相处的时候，理解科技问题的时候，制订计划或者充满正义感的时候等都会觉得浑身是劲。又或许你在用自己的双手去创造事物的时候，去激励他人或进行生意谈判的时候，向别人表达同情心的时候，挑战现状的时候，服务于人的时候，都会觉得充满力量。

这项练习要坚持做几天或几周的时间，而不是只做一次。回忆过去的成就和快乐时光不仅能让你身心愉悦，而且回忆过去的成就和拥有的技能还能帮你提升自信。

请你记住，本书的主要价值体现于你的躬身实践，而不是你的阅读。诚然，你肯定能理解书中的概念，发现自己的能力，但是理解不等于执行。只有发挥自己的能力，努力采取行动，你才能扮演好你在工作或者其他场合中的角色，之后你才能进入最佳的自信状态。

如果你觉得很难回忆起自己在人生的各个阶段做了什

么事情，那就去查一下备忘录或者寻找一些能唤起记忆的线索。如果你有写日记的习惯，那就翻一翻日记本。你还可以浏览以前的邮件，翻看旧相册和朋友圈，让你的朋友或者家人提醒一下你过去做了什么。

如果你还想找到更多的个人优势，可以参阅我写的另一本书《人格：释放你潜藏的力量》（*Personality：How To Unleash your Hidden Strengths*），其中包括七个测验，可以帮助你挖掘自己的独特优势，并且给你更多关于怎样建立自信以及如何创造成功未来的建议。

你的未来就是"梦"

现在该来整合你的愿景了。愿景应该是一幅鼓舞人心的未来图景，它会告诉你怎样去实现想要的生活，而不是守株待兔。愿景应该包括你在生活中想要实现的一切，因此它至少应该有点震撼效果，但同时也是振奋人心的。每当你想起自己的愿景时，都会忍不住笑意。

准备好去试一试了吗?

行动起来：制定一系列目标

挑战等级：初级。

在开始之前，你应该根据自信生活的八个领域给自己评分（见第1章）。如果你已经这样做了，那就找一个时间和地点享受半小时左右不受干扰的退想。

124

现在请你按照下面的步骤构建你的目标。

1. 思考你想在每一个生活领域里取得的成就。你要展望未来，而不是固守现状。你的目标应该是有可能实现的，而不是不切实际的。想象一下一年后你会怎样生活，你认为哪些有可能变成现实。

2. 详细记录你想在第1章提及的自信生活的八个领域（健康状况、亲密关系、家庭生活、社交生活、职业生涯、投资理财、人生意义、业余生活）中取得怎样的成就。你还要记住通过本章的练习而发现的自己的优势。了解你的优势将会提醒你关注自己擅长做什么，以及你可能取得什么成就。

如果他们能做到……

27岁的卡特已经在网络游戏公司担任软件工程师多年。他拥有舒适的生活，但是他觉得自己的生活缺乏激情和挑战。

然而，现在他不再有这种感觉。虽然他兴趣广泛，但是他决定专注于三个特别的领域，在这些领域中他对自己的表现不太满意。他写出了自己的初步目标。

· 我的健康状况：我的身体正在变得虚弱无力，我的同事杰西卡（Jessica）说我有了啤酒肚。我想通过健身和减肥，让自己的身体重获健康与活力。

· 我的职业生涯：我想拓展我的工作范围，而不是日复一日去完成同样枯燥的任务。我喜欢我的工作，但我不能违心地说这份工作激发了我的热情和斗志。我想找一份新的工作，做一些新鲜的事情，并且沉浸其中。我甚至可以辞职创业。

· 我的经济状况：我想在接下来的几年里买一套房子。对于现在来说这是不可能的，我没有足够的储蓄，只能租房住，所以我会找理财顾问谈谈，了解我可以借多少钱，制订一个理财计划。今年我可能还无法购买房子，但是我一定会在年底前制订理财计划。

追求愿景的最坏结果是什么？无外乎愿景无法实现，我们可能会一直原地踏步。但是，追求愿景的最佳结果是什么？例如，你的所有愿望都梦想成真。

附和别人心中的梦想只会让你不自信

记住，这是你的愿景、你的生活，它应该捕捉你自己真实的目标和雄心壮志，而不是你的朋友、同事、父母或兄弟姐妹们的愿景，更不应该是邻居或者其他任何人的愿景。许多人发现，自己正在被他人对自己的期待所影响。但你应该记住，有些对别人来讲是幸福的事情，对你来讲可能就是噩梦。

即使其他人都在安于现状，你也不可以随波逐流。不要仅仅因为别人希望你贷款买房安定下来，你就一定这样照办。如果其他人都在追求高薪和闪光的头衔，而这些却不是你想要的，你会怎么做呢？你必须做出选择，到底是过他人期望的生活，还是过自己想要的生活。

去追求自己想要的东西吧，而不可盲目追求那些被社会普遍认可的东西，因为真正的自信源自追寻自己的梦想，而不是附和他人的梦想。

> 我认为试图取悦每个人不是成功的关键，而是失败的前兆。
>
> ——比尔·考斯比，喜剧演员

美好愿景不等于白日梦

愿景是一幅关于你希望达成的目标的激励性图景，它以实现愿望为目标，这就是愿景与白日梦的主要区别。白日梦是没有行动、没有结果的空想，而愿景则会鼓励你采取行动。

愿景与白日梦的区别

愿景	白日梦
取决于个人的努力	依靠运气（如，"我希望我的彩票能中奖"或者"我希望被星探发现"）
你有控制权	别人掌握控制权

（续表）

愿景	白日梦
鼓励你纠正错误	做错事时，你会允许自己责备他人
创造合适的时机	等待合适的时机
激励你制订行动计划	只是偶尔想一想，但从不持久
你可以通过每天的努力和积累来达成目标	你只能依靠运气来实现
需要你立刻行动起来	你总是拖延着不去行动

　　选择权就在你手中。如果你只是幻想着自己可以改变，耸耸肩却没有任何实际行动，那么你只会让自己失望。掌握自己的命运吧。现在就放下书，去做些什么吧。即使你只能拿起笔捕捉自己的想法，那也把想法写在纸上。好吧，现在就采取行动吧！

按自己的价值观生活的人更自信

> 最重要的是：做真实的自己。
>
> ——威廉·莎士比亚，剧作家

　　你最看重的是什么？对你而言，什么才是最重要的？如果你只能拥有一件东西，它会是什么？其实，这是一个关于"生命的真正意义"的问题，它是指你活着究竟是为了什么。
　　价值观是一系列关于人们该如何生活的导向性原则或

行为准则。追求精神满足的人可能会把价值观称为自己的道德或道德观念。另一些人可能会把价值观称为他们的态度或生活哲学。但是，叫它什么并不重要，重要的是它能允许你做什么。你的价值观内容对你来说才是最重要的，也就是说你关心什么、珍惜什么。按照自己的价值观生活的人是满足、自信、安心、知足的。而那些在价值观上妥协的人，如果不是彻底沮丧的话，至少也常常会有挫败感。

现在，你可能认为这听起来有点宽泛，认为自己是不靠任何规则或者原则生活的人。但事实上，你和大多数人一样，只是没有花时间思考自己的价值观而已，这并不意味着你没有价值观。

假如，你在为一个总把别人看得一文不值的老板打工。他认为最重要的事情就是赚钱，而这与你的价值观相悖，因为你认为应该更注重人本身的价值，或者至少不应该不惜一切代价地把赚钱看得那么重要。或者你的一个朋友总是忘记给你回电话，如果你觉得这事触犯了你，这就表明你的价值观与遵守诺言或对朋友忠诚有关。所以，当你对周围人们的某些行为和境况表示认可或不认可的时候，这其实都说明了你的价值观是什么。

自信而成功的人都有愿景，并了解自己的价值观，你也应该这样。你的愿景在很大程度上描绘了你会达成什么目标，而你的价值观则界定了你愿意做什么和不愿意做什么。那么，为实现愿景，你会怎样做，又不会怎样做呢？

也许你现在并没有按照自己的价值观生活，毕竟生活并不总是一帆风顺的，有时人们不得不做出一些妥协，来让自己熬过那些艰难的日子。但是，一旦发现了自己的价值观，并开始以价值观为生活准则，你就能体验到一种全新的自由感。所以，放下那些对你不太重要的东西吧！关注对你最重要的事才是最值得的。

自信力行动派

你的价值观可能比你想象的还要重要。不妨回忆一下自己的价值观受到考验时的情景，同时思考下列问题。

☺ 当时的情况如何？

☺ 你做了些什么或者你感觉如何？

☺ 关于你自己和你的价值观，你都了解到了什么？

行动起来：揭开价值观的神秘面纱

挑战等级：高级（这是另一个耗时且发人深省的练习，非常有价值。能强烈意识到自我价值的人们更有可能感到自信和不断进取，即使是当自己手上的工作似乎出现了问题时）。

下面的清单列出的是你可能会有的价值观，其中一些价值观是有形的（包括财富和财产），另一些描述的是某些情景或境况（例如安全和地理位置），还有一些是个人特质

（正直和善良等）。哪些对你来说是最重要的？把你认为最重要的圈出来，不管你想圈几个都行，把它们抄写到一张白纸上也可以。

朋友	影响力	成就	个人成长
挑战	对社会的贡献	创造力	尊重
可预见性	家庭	正直	激情
卓越	地位	善良	自主
权威	独处	助人	快乐
爱侣	幽默	稳定	忠诚
被需要	个人财产	和平	富有吸引力
学习	健康	责任	安全
自由	冒险	精神成长	成功
控制	与众不同	平淡	运动能力
信仰	诚实	平等	位置
被认可	环境	被期待	子女
独立	归属	爱	社区
权力	旅行	艺术	财富

没有一个价值观清单是全面的，所以你可以添加任何你觉得可以更好地刻画自己价值观的词语。你的同事、朋友，还有那些你曾经读到过或听说过的人，他们是怎样生活的？他们做了哪些你也希望做的事情？

你可能觉得这些价值观都在你的生活中发挥着作用。但是，尽管它们都有自己的作用，你仍需要分辨出自己的核心价值观。核心价值观应该是那些能够帮助你权衡利弊、做出更佳选择的价值观。如果一个选择违背了你的价值观，你会立即去寻找另外一条道路。但是如果价值观太多，你就无法有效地做出决定。实际上，一个清单里有大约 10 个价值观总比一个也没有好些，但最好不要多于 10 个。

然后，请思考每一个价值观对你而言意味着什么。它们是你生活的组成部分吗？还是仅仅让你觉得聊胜于无？如果没有它，你会有怎样的感受？

当然这取决于你认为什么是有价值的。但是心理学家发现，当人们完全根据自己的内在价值观（如卓越、诚实、创造性）做出选择，而不是依赖于情境、外在因素或者他人的价值观（如成功、权力、成就）时，人们通常能感到更加强大和自信。

是的，你可以选择一些外在价值，比如个人财富，甚至你的健康，但是这些都不在你的控制范围之内；你可以努力工作，但是突如其来的市场崩溃可能会夺走你的储蓄；意外发生的火灾或者爆裂的水管也可能会造成你的财产损失；即使是饮食有节制并坚持运动的人也可能成为疾病的牺牲品。

所以遵循一些内在价值观是一个好主意，这些对你而言有价值的事物越多越好，而且它们全部都在你的控制范围之内。例如，你的价值观可以体现为"多行善事""做一个幽默、正直的人""与朋友保持联系"或者"尊重大自然"，这些价值观不受外界因素（例如你的财富、身体健康）的影响，可以成为你毕生追求的目标。无论你处在什么环境中，你都可以遵循这些价值观。

　　我并不建议你编造什么规则清单，过着严格刻板的生活。你的价值观应该只是一系列指导准则，而不是法律法规，你可以在不同的情境下决定怎样去解释它们。但是通过寻找核心价值观，你可以权衡选择和机会，进而了解到哪些与你的原则最相符，把时间和精力放在那些你认为更重要的任务上，让自己从那些不重要的琐事中抽离出来。

行动起来：重新定义你的价值观

挑战等级：中级（这是另一种耗时且发人深省的练习，也非常有价值。能强烈意识到自我价值的人更有可能感到自信和不断进取，即使是在自己似乎遇到了问题的时候）。

　　一旦你确定了你的价值观，那就将你的每一种核心价值观转化为可以遵循的指南，根据这些价值观去生活和做出选择。如何让价值观指导你的行为？不要考虑你想要实现的结果，而是要考虑你将采取的行动是否符合你的价值观。例如，三个有着不同价值观（包括家庭观）的人可能会创造出不同的行为规范。

　　☺"做任何事情，我都把家庭放在首位。即便这会使我的职业前景不乐观，但只要我可以挣钱养家，而我的家人知道他们总是被我放在首位，我就知足了。"

　　☺"每个周六我都和家人一起度过。这并不意味着我需要放弃自己喜欢的东西（例如我可以参加家庭撇橄榄球赛）。如果我在做自己喜欢的事情，我会说服家人一起来参与，而不是强迫他们。"

☺ "我把家庭作为一切的中心，但我不会过分刻意。我力争每周至少三个晚上早点下班回家和家人一起吃饭，给孩子们读故事，安顿他们睡觉。如果我偶尔不能这样做，我也不会惩罚自己。"

最后一步就是把你的价值观进行排序。你可以把自己的备选答案写在纸条上，打乱顺序直到把最值得珍惜的价值观排在最上面为止。或者重写一个清单，按照重要性为它们排序。

尽量避免并列排名，因为生活中常常需要权衡，而且谁也不可能同时出现在两个地方。如果你想有所作为，就可能不得不对频繁的社交活动说"不"；如果在生活中你渴望刺激和冒险，你就不太可能有时间赚钱；如果你最想让人们记住你的善良，就有可能不得不偶尔说一些善意的谎言。

历史上，还有人甚至为了自己的价值观而不惜献出生命。所以你至少可以学着那些烈士的样子勇敢一点，偶尔为了自己的价值观对人们说一声"不"。

如果他们能做到……

41 岁的妮娜从事猎头顾问的工作。经济上她很成功，但最近她发现自己很容易对同事和客户发脾气，于是她意识到自己的热情可能不在这份工作上。于是，她写了一个愿景，决定去开一家饭店。她知道这是一个长期目标，需要花很多年才能完成，但通过这个愿景，她找到了自己的价值观，价值观给了她实现愿景的动力。

她列出了一个最初的价值观清单，最终又把它们缩减到5个。下面这些叙述就是她写下来用以指导生活的清单。

兴奋感。我会把每天都看作是一个全新的挑战。我宁愿挣得不多，也要对每天的工作感到愉快和欣喜。我不喜欢挣钱多但是很无聊的工作。

归属感。有我喜欢和信任的人在身边，这对我的生活很重要。当我决定做自己喜欢的事情时，我要和他人合伙做。我宁愿只获得普通程度的成就，也要成为快乐的团队的一分子。我不愿独自一人取得辉煌成就。

丈夫。即使我们结婚只有一年，我也已经意识到蜜月期总是会消退的，婚姻需要经营。我绝不能让自己的工作太忙，以至于忽略了我想要维持一生的婚姻关系。

健康。如果没有健康的饮食和锻炼，我就什么事情也做不了。不管我的工作量有多大，我都必须确保自己每周可以游几次泳，并照顾好自己。

公平。尊重我遇到的每个人，并从他们那儿得

135

到尊重，这在我的生活中是不可或缺的。最近几年，我不得不忍受客户的抱怨，但是以后不会再这样了！如果人们不在意我的感受，我也会想办法远离他们。

关于价值观，我最后要说的是，你必须要对自己诚实，这几乎是不言自明的。正如愿景需要反映你生活中真实的心愿，价值观也必须代表你想要的生活，而不是你认为自己应该怎样生活。因为其他人不需要看到你的价值观清单，只有你自己值得一窥究竟，所以在开始新生活之前，看看你的价值观列表，问问自己以下这些问题。

☺你选择的每个价值观对你来讲都非常重要吗？

☺你确定自己列出的不是父母、伴侣、朋友、同事或其他人觉得适合你的价值观吗？

☺看到自己的价值观清单时，你感觉很好吗？你觉得自己已经明白想要成为哪种人了吗？

如果你对这些问题中的任何一个的回答是"不"，那么你就要好好想想了。你是否把别人的价值观强加给了自己？它是不是没有真实地反映什么能让你快乐和自信？

我们都会从社会中习得一些观念和信息，它们来自社会、有组织的宗教团体、媒体或者我们的同伴等。所以，你一定要找到自己真正的价值观，并为它们代表了你真正想要的生活而感到快乐。

> 最重要的是对自己诚实，如果你不能用心投入，那就不如从未投入过。
>
> ——哈迪·杰克森，作家

你可能在想，什么愿景和价值观？我不需要这些东西，我拿起这本书是想要活得更自信，比如，在演讲、约会、为人父母或社交场合变得更自信。所以，你现在可能直接跳过了价值观这部分内容，直接去看设置目标那部分了。

当然，你有这样做的权力。这也是我们要面对的问题：很多人都会急功近利。比如，我们想要通过吃些东西就达到塑身或其他目的，也想立刻就能显现出自信。我们喜欢立刻、轻松、毫无挫折地得出结果。你当然可以找到其他的书或专家，让他们告诉你，如何可以马上得到自信心。但是我正在与你分享的是一个让你得到最佳自信力的方式。你在这本书上投入了多少，就会得到多少。

这本书中的工具和小技巧都有其作用，它们展示的是全世界杰出的科学家们在 10 余年间的研究结果，也是指导我们设置目标和提升自信的最佳方式。

虽然解决生活中一两个领域的问题可能看起来是一条建立自信的捷径，但是生活的各个领域都是相互关联的。当你开始在生活的某些领域努力时，你在其他领域的能力也有可能得到提高。只有当你把生活作为一个整体来考虑时，才能找到投入时间和精力的最佳方式。

所以，你真的不该花时间去考虑一下自己的价值观吗？

没有目标最可怕

现在你已经找到了自己的愿景和价值观。如果我告诉你之前的两项练习是本书中最困难的两项练习，你应该会很开心吧？因为你已经完成了这些练习，其他的应该就是小菜一碟了。

你的愿景是一个让人兴奋的广阔图景，它描绘了你想达到的目标。在这个愿景里，应该有一些雄心壮志才对。如果你的愿景实现起来一点都不困难，那说明你低估了自己的能力。

怎样才能到达你的目的地呢？生活中，你的价值观在指引着你做出重大决策。但是仅仅知道你想诚实而成功地活着，或者和家人在一起很快乐，你依然不知道如何才能实现自己的愿景。所以，你还应该制定出实现愿景所需的步骤。

为了解释这一点，让我们回忆一下之前提到的那个假日计划吧。去哪儿度假能让你的内心沸腾起来呢？为了做好准备，你需要列出一个任务清单，比如把衣服从柜子里拿出来，从朋友那儿借一个大一点的行李箱，从干洗店把你最喜欢的衣服取回来，找到护照，买一副新的遮阳镜和一些防晒指数大约为 15 的防晒霜。同样地，你也需要确定具体的目标和计划去实现愿景。愿景会激励你不断前进，一项一项地完成目标和计划里的事项，直到愿景实现为止。

实现美好愿景的 SPOT 法

很多心理学研究都主张设置有效的目标。一项又一项的研究表明，当人们认真思考什么时候、什么地方以及可以怎样朝目标努力的时候，人们更能把目标坚持到底。因此，你现在需要做的就是记住"SPOT"这四个字母。

目标要有韧性、有意义

"SPOT"中的字母"S"代表有韧性和有意义。也许应该是两个"S"（Stretching and Significant）才对。但无论如何，你的目标应该既有挑战性又有价值。

目标至少应该能让你燃起斗志，这样才能不断激励你去实现它。研究发现，人们常常会低估自己的能力。其实你可能比自己想象的还要优秀。所以，你应该为自己设置一个可以拓展自身能力并具有挑战性的目标。这样做可以让结果远远高出你的想象。

但是，再有韧劲的橡皮筋也会拉断，所以不要为自己

139

设置可望而不可即的目标。稍微有些挑战性的目标比轻易就能达成的目标更能激励你，但是不现实的、无法达成的目标可能只会让你感到挫败和厌烦。所以，第一个"S"意味着目标要有韧性，但要现实。

第二个"S"指的是重要性。你的目标必须是重要、有意义、有吸引力、有诱惑力的，让你觉得必须要去实现它。如果目标不是那么让人兴奋，也就没有意义了，因为最终你会为其他事而分心。例如，学习一门新语言是好事，但这是因为你觉得自己应该学才学，还是因为你非常喜欢，迫不及待想飞到国外去尝试新的语言技巧呢？另外，升职也让人感觉很酷。但是，你渴望晋升是因为你的另一半在给你施加压力，还是因为你迫不及待地想承担更多的责任呢？不同的目标会给你带来完全不同的感受。所以，你要确保自己选择的是那些自己愿意不顾一切为之奋斗的目标。

目标应该是正面、积极的

"SPOT"中的字母"P"代表着积极正面的目标（Positive）。想象一下，你正在节食，这时有人对你说："别吃巧克力，也不要去想撕开包装的声音或者它的气味。千万不要去想它在你舌头上融化后渗到喉咙里的味道！"你觉得在这种时刻自己想的、担心的、渴望的和听到的是什么？当然是巧克力了！

当你设置一个目标后，你就找到了自己要专注的东西。所以，一旦你设置了一个消极的目标，比如"我不想担心"，你的大脑就会专注于"担心"，结果你变得更担心了。当你告诉自己"我不想让自己在开会时感到尴尬"，你的大脑就会注意到"尴尬"这个词，最后你会感到前所未有的尴尬。可见，含有"不要""不"或者"更少"的目标会给人带来挫败感。因此，最好为自己设置积极的目标，比如"我想更乐观"或"我想在开会时做一个自信的参与者"。

研究也证实了上述观点。实验室研究发现，与那些设置消极目标（这些目标是关于他们想避免什么）的人相比，那些设置积极目标（这些目标是关于自己想要什么）的人更可能实现目标。明白我的意思了吗？那么，你会怎么用"发展""赢得"或"磨砺"这些积极的词语来描述你的目标呢？

目标应该是可见的

"SPOT"中的字母"O"代表着可见的目标（Observable）。就拿你为自己设置了"在聚会上更左右逢源"的目标来说吧。你怎么知道什么时候这个目标就算实现了呢？和20个陌生人聊天就能证明你实现目标了吗？那么，如果你只和10个，6个或者1个陌生人谈话又怎样呢？

一个有效的目标，它的实现与否应该是能被旁人判断

141

出来的。除非你能量化自己的目标，否则你就不知道什么时候自己需要为实现目标而快马加鞭。目标应该足够具体，并且是可以判断的，这样公正的旁观者对你是否达成目标就可以点头说"是"，或者摇头说"不"了。下面是一些对比，有些目标是可见的（且有效的），而有些则是不可见的（且无效的），详见下表。

可见的目标与不可见的目标

可见的目标	不可见的目标
在会议上我至少要发言三次	我想在会议上得到关注
我想让公司的名字登上一家国内媒体的版面	我想成为一名著名的企业家
每天尝试一个小的、新鲜的体验，变得更有冒险精神	我想在生活中做更加冒险的选择
每周要给父母打一次电话，每次至少聊上10分钟	我必须多花时间和父母相处

目标应该有时限

"SPOT"中的字母"T"代表着有时限的目标（Timed）。你想让老板给你加薪，克服演讲的恐惧，找到约会对象，勇敢地和某人唱反调，做慈善工作的志愿者还想创立自己的公司，但问题是："你什么时候能做到呢"？

给自己设立最后期限具有激励作用。如果你向自己承诺会在一个特定的日期完成某事，这比你只是随便说一个日期的作用更大。最后期限就像一个有力的提醒，能从心理上约束你。但是不要将最后期限设置得太遥远，比如"2025年我要加薪"，不然还不如没有这个最后期限呢！可如果你想下个月就要实现这个目标，那么你给自己的时间压力就太大了。所以，你要选择一个对你达成目标而言既有挑战性又比较现实的截止日期，选择一个可以迫使你采取行动但又不会让你太担心如何才能按时完成任务的截止日期。

如果你能选择一个重要日子作为最后期限就更好了。它可以是你明年的生日、结婚纪念日、圣诞节、下一场英格兰队客场比赛的日子，或者其他让你印象深刻的日子，直到你能达成目标为止。

你可能在想："如果到了指定的最后期限，我没有成功实现目标的话，那该怎么办呢？是不是可以留一些额外的时间来保证我一定可以按时完成目标呢？"答案是"不！"一个大大的"不"！如果你已经答应自己要在特定日期前提交工作方案或者帮朋友排忧解难，你就一定要遵守诺言。而谈到追求个人目标时，一个能让你早点采取行动的目标总要胜过一个可以允许你晚些再行动的目标。最后期限到来时已经完成了 80%~90% 的目标总要胜过截止日期近在眼前而只好不断推迟行动要好。给自己一点时间，来检验到底什么样的截止日期更适合自己。

目标需要"量体裁衣"

关于设置有效的目标，我已经谈得够多了。SPOT 记起来很简单，对吗？但正如我前面所说的（后面还将涉及），能让你从这本书中获益良多的不是阅读，而是采取行动。那么，你的目标是什么？你可以怎样把这幅迷人的未来图景转化为一系列具体的目标呢？

行动起来：你真正想要的是什么

挑战等级：初级（如果你花时间考虑你的目标和价值观，那么这应该是一个简单的操作）。

你的愿景是一幅令人振奋的、未来想要实现的目标图景。你的价值观是一系列有关如何行动的能让你感到有力量和自信的行为准则。现在把你的愿景和价值观转化为一系列的目标，思考一下：按照你的愿景和价值观，你最想完成的三件事情是什么？

当然，你想完成的目标有可能不止三个，但目前我们先依照三个来写。有一些目标总是好的，但目标太多，你的精力就会分散。当你在这三个最初的目标上取得了重大进展以后，你可以再回到你的愿景上，制定新的目标。

接下来，带着你的三个目标，依据 SPOT 准则重写这三个句子。记住，要让这些目标富有韧性并且有意义，确保它们正面、积极、可见且有时限。

如果他们能做到……

37岁的帕特里克是一位平面设计师。他在一家国际医疗保健公司的市场部工作。他喜欢工作中的创意部分，但是很多项目都需要他在一个大团队中与他人一起来完成，这就意味着他只能负责这个大难题中很微小的一部分。有许多次，他都觉得自己像一个庞大的机器上的一颗螺丝钉。他意识到自己必须改变些什么，以免在以后的工作中都没有成就感。于是，他完成了构建愿景和价值观的练习，从而意识到了自己想创建属于自己的平面设计公司。心中的愿景告诉他，平面设计公司应该是一家小公司，有几个热情的员工在一起工作。他的核心价值观是对自己的工作要有完全的控制权，因为他希望做一些可以自己完成整个工作的项目，哪怕还是个小项目，而不愿意只承担一个大项目中的一部分工作。之后，为了帮自己集中精力，他将愿景转化成了 SPOT 目标。

有韧性、有意义。"我想创建属于自己的公司，这样我就可以自由选择项目来做了"。这个目标对他来说是有韧性的，因为他从来没有为自己工作过，所以他需要为此学习经营企业的管理知识。这对他也是十分重要的，因为他真的很渴望从事自己可以从头到尾独自运作的项目。

积极。"我想挣钱来付账，并且每年至少有两个

145

假期。"他用自己想要什么而不是想避免什么（例如，我不想为钱担心）的手法来描述自己的目标。

可见。"我通过调查那些可能需要兼职平面设计服务的小公司来寻找新客户，并且每天打 10 个电话。"他的目标是清晰可见的，公正的旁观者可以很轻易地得知他每天给潜在客户打了几个电话。

有时限。"在接下来的 6 个月内，我将开始为自己工作。"因为他不知道运营公司方面的事，而且他觉得自己应该知道，所以他需要 6 个月去研究这些。通过给自己设定一个最后期限，他意识到自己必须马上行动。

请相信白纸黑字的力量

现在你已经有了愿景、价值观和目标了，不是吗？如果你还没有，请下笔捕捉你脑中不断涌现出来的想法和梦想吧！如果你想改变自己的生活，提升自信，那么请相信我。当我要求你在继续前进之前需要写下自己的愿景、价值观和目标时，请一定按照我说的去做。

有一些常被写进自我提升类图书里的研究，在这儿还会被我重新提起。20 世纪 50 年代，一些研究者问哈佛大学毕业生，他们的目标是什么。在这些稚嫩面孔中，大多数人都已经有了自己的目标，但只有 3% 的毕业生真正写下了他们的目标。你猜 30 年后的追踪研究有什么发现？这 3% 的人拥有的财富是其他 97% 的人的财富总和。

我曾怀疑过这个故事只是这些年不停被重复的都市神话而已。但事实上，它确实是一个显示了"笔杆子中有力量"的故事，而且的确有真实的科学实验能够证明"写下目标"的重要性。心理学家迪莉娅·乔菲（Delia Cioffi）与兰迪·加纳（Randy Garner）做了一项研究，他们拦住了一些在校园里闲逛的大学生，询问他们是否愿意去当志愿者，去为当地学校普及艾滋病知识。研究者让一半学生在一个表格上签字，表明自己愿意参加这个活动，而让另一半学生只阅读一个相同的表格，然后口头承诺自己愿意参加。几天后他们发现，签过字的大学生的出席率是另一组大学生的 3 倍。

让我们思考一下"3 倍"意味着什么。毋庸置疑，写下目标真的对我们有特殊的影响力，因为它让我们的想法更加真实，使我们不可以轻易地对它们置之不理。那么，你也想让自己成功的概率翻 3 倍吗？

小进步换来大自信

你已经有了目标，而且你也把它们放在了突出的位置来提醒自己做过的承诺。那么，下一步该做什么呢？我知道"不积跬步，无以至千里"听起来有点陈词滥调，但我们不能因为这是老生常谈就忽视它。

想象一下，你的目标是在一年内跑一场马拉松。如果你打算毫无准备地在比赛前穿上跑鞋就去跑 26 公里，那你一定是疯了。那么，你该如何来做准备呢？当然，你可以先从短跑开始，或者如果你身体欠佳，你可以从健步走开始；几周后，你就可以跑一公里了；几个月之后，你就可以跑几公里了；然后 10 公里，11 公里，12 公里，13 公里，甚至更远。

你也可以通过相同的方式来实现自己的目标，培养足够的自信。当然，我们都想让自己的努力立刻有所收获，但这是白日梦，不现实。自信的人懂得把目标分解为一系列的行动，这让他们可以一步一步地实现目标。

如果你的终极目标是挑战一个完全不同的职业，加强一些技能，获得一些特别的经验，做出正确的决定，那么你可能需要学习一些课程，参加一个考试，获得一两个资格证才行。如果你的愿景是在乡村买一栋房子，过上一种更加平静的生活，那么你就需要每月为此存一些钱。你还需要研究哪些区域比较适合生活，看看如果搬过去的话要如何谋生。如果你有爱人和孩子，你还要考虑他们的需要。

不管目标是什么，你都该列一个实现目标的行动清单。从写下脑海中想到的每一个行动开始，进行一次个人的头脑风暴。行动无论大小都需要记录下来。

仔细看一看，从中挑出一个今天就可以开始做的。如果你可以同时兼顾许多件事，那就挑选出你最喜欢的几件事，开始行动吧！是的，立刻就要行动起来。把书放下然后去行动吧！

行动在前，自信在后

如果你真的把书放下，试着做了点什么，那么恭喜你，你是少数精英中的一分子。这些精英比他们自己想象的要更加相信自己。但是，如果你一直读到这一章，什么也没做，也不要自责，因为你可能只是觉得这些发生得有点突然，希望在真正行动之前有更多的练习来帮你提升自信而已。

事实上，设置目标和列出行为清单仅仅是一个好的开始，这还远远不够，因为自信是行为的结果，而不是意图。许多人都有很好的意图。你的朋友们也总在对你说"我希望我能减肥成功""我需要找到一份新工作""我希望我能戒烟""我想管理自己的公司"，人们总是想要做很多事，但是除非意图转变成行动，否则那只是纸上谈兵。

人们有时在采取行动前总是空等自信的到来，但是自信是紧跟着行为的。只有采取行动你才会觉得自信。人的所思、所感、所为是相互联系的。但大多数人都发现，改变感受比改变行为更困难。所以不要空等着自信到来，因为这是不可能的。

149

尽力去做，现在就做

记住我们的所为、所思和所感是相互联系的。事实上，大多数人都发现他们更难改变自己的感受，更易改变自己的行为。所以不要等待自信理所当然地来宠幸你，因为自信不会不请自来。

回到第一章，我把自信界定为"采取适当的、有效行为的能力，不管你觉得它多么具有挑战性，都是如此"。大多数人在接受新的挑战时都会感到有点恐惧。但是，你可以通过行动来扼杀焦虑情绪。哪怕只是多一点行动，你的自信心也会多一些。反复这样做，最初的小小成就会为之后的成功铺平道路。有一点你需要明白：开始的时候，你可能并不觉得自信，但是你必须开始行动，才能变得自信。

离自信更近一点

无论我们感觉如何，我们都要采取行动，这样自信才会到来。这是一条真理，不管你要做的事情是发表演讲、面对职场霸凌、自信地约会还是其他事情。如果你只能记住本章中提到的一点，那么记住这一条真理就够了。如果你喜欢在书中做笔记或者用荧光笔强调重要内容，那么你一定要重点标注这一条真理，它有可能改变你的生活，让你在采取行动后感觉更好。

> 成功与行动密切相关。成功的人永不止步。
>
> ——康拉德·希尔顿先生，旅馆业巨头

现在放下书，迈出第一步吧

哪怕只是迈出一小步，你都会发现它所蕴含的能量。如果你面临的任务令人望而生畏，那么不妨告诉自己今天只要做5分钟就好。只有5分钟而已！一天有24个小时，你只需要贡献出一个小时的十二分之一来完成这件事就可以了！在剩下的287个十二分之一小时里，你可以去做其他你想做的事！

如果你想换工作，那就找出原来的简历，在你需要修改的地方做些标注，然后晚上休息时思考一下到底应该如何修改。如果你想有个好身材，而你明天才能去健身房，那么今天至少也要换上运动服，出去快走几步。即使只有几分钟，也好过等到明天才开始。

重要的就是开始行动。马上，你就能对自己和自己所面临的问题感觉好一些。是不是？你甚至还会开始享受这个过程，发现自己又坚持了5分钟。

哪怕你只坚持了5分钟，也要恭喜自己。微笑是免费的，所以给自己一个灿烂的微笑吧！如果你在公众场合，表面虽然要保持平静，但也要在心里告诉自己，你已经完成了迈向目标的第一步，真为自己感到骄傲！当我坐在办公桌旁的时候，我也会为自己已经完成的任务感到高兴，有时还会喊一下，击掌或者站起来跳一段时髦的舞蹈。你可能觉得这很傻，但是它让我感觉很棒！

自信力行动派

如果不再继续看书，你会选择做些什么？即使只有 5 分钟。不管你是想在生活中还是在职场上更加自信，为你的目标花几分钟时间，把书放下做一些事情吧！列一个清单，打一通电话，发一封邮件，或者散散步，在网上搜索工作的信息，扔掉垃圾食品，或者做点其他让你能够靠近目标的事。行动再微不足道也要开始动身。试一试看吧！

能立即全力执行的好计划远远胜过下周才执行的完美计划。

——乔治·巴顿，美国将军

行动计划越具体越靠谱

有人说"细节处有魔鬼"。我认为这句话的意思是说如果你忽略了计划中的某些细节，事情将会变得非常糟糕。但我更喜欢说"细节处有天使"，因为谈到将意图转变为现实时，如果你能更详细地思考自己应该如何行动，这就意味着为了成功，你的准备会更充分。

心理学家把单纯的意图和执行性意图做了一个区分。我们之所以把这两类分开来讲，是因为数十年的研究和实验表明，只有以执行为目的做计划的人，才更可能实现其意图。

执行性意图是你为了达到目标想要完成的行为的活样本。它可以详细地告诉你要做什么，还有谁可以参与，以及这些行动将在何时何地发生。例如，你想保持身体，而且已经为自己设置了每天做 20 个俯卧撑和 40 个仰卧起坐的目标。与其只是承诺你将每天完成这些任务，不如认真想一想该怎样才能做到这一点，这样更能帮助你成功。例如，你会在早上爬到靠床的地板上做这些运动吗？在厨房里煮今天的第一杯咖啡时活动一下怎么样？或者晚上在电视机前，在最喜爱的节目的广告时段来做这些运动呢？

坦率地说，多花一点时间去仔细思考你的计划，结果将会大不相同。彼得·戈尔维策（Peter Gollwitzer）和薇若妮卡·布兰斯塔特（Veronika Brandstatter）教授做过一项研究，让一群学生写一篇关于自己是如何度过平安夜的短文。意想不到的是，当仅仅要求学生们在 12 月 26 日交作业时，只有三分之一的学生按时完成了作业。但是，研究者让第二组学生制订一个具体、可见且有时限的计划，并思考自己会在什么时候、什么地方去写报告时，竟有 75% 的学生按时完成了作业。

这其中的道理是显而易见的。如果你想让目标达成的

153

概率翻倍，不仅要思考"目标是什么"，而且还要花点时间思考"什么时候""什么地方"和"怎样实现目标"。把你单纯的意图转变为令人神往、可执行的意图的一个简单方法就是像下面这样画一个表格。

行动计划

目标是什么？	怎样实现？	涉及谁？	在哪儿？	什么时候？
行动 1				
行动 2				
行动 3				

如果他们能做到……

33 岁的大卫想尽快把自己的债务还清。他刚向女朋友路易莎求过婚。于是，他为自己设置了一个 SPOT 目标：在接下来的两年内，还完 1 万英镑的债。这是他的行动计划。

目标是什么？	怎样实现？	涉及谁？	在哪儿？	什么时候？
研究还债的途径	打电话到银行看看能不能拿到一个更低的贷款利率	只有我自己	装修一间书房来办公，以便路易莎在客厅看电视时我不被打扰	下周一不上班的时候
做更多的调查研究	问一下贾森我是否需要聘请财务顾问	贾森，我认为他是一位优秀的财务顾问	在家	两周后，当我和路易莎、贾森和他妻子一起吃饭时

目标是什么？	怎样实现？	涉及谁？	在哪儿？	什么时候？
做更多的调查研究	上网看看是否能更妥善地使用信用卡	罗特是一个上网找东西的天才	在我办公室的电脑上	明天，请罗特花20分钟帮我
少花钱	做一个预算，精确地计算出我每周需要花多少钱	我和路易莎	在家	这周，当我和路易莎不上班的时候

你可以根据下面五个步骤来填写自己的表格。

1. 把你的个人行动复制到左边的方格中。

2. 如果让一个12岁的小孩来做，他能不能看懂你写的东西。我的意思是，你需要把内容更具体些。在第一栏中，你可以这样只写"找到一份新工作"，但在第二栏中你必须详细一点，例如"给以前的同事或熟人发个邮件，看看他们那儿有没有空缺职位"。

3. 问问自己，是否其他人可以帮你完成计划。例如你想减肥，"我知道有一个朋友刚刚雇了一位私人教练，我可以问问他，看他是否建议我也雇一位教练。"你要尽可能多地寻求帮助。所以，如果你知道有人可以提供支持或建议的话，就多多听取他们的意见吧。

4. 想一想你需要在哪些场合展开行动。你是否需要找一家会所去上瑜伽课？你是否需要到图书馆研究你工作中用到的新技术？你是否需要到咖啡馆上网去寻找新雇主？你是否需要去一家豪华饭店招待你的朋友们？

5. 最好给自己设定一个行动的最后期限。完成整体目标

第5章

打造自信力的行动计划

155

可能有几周或几个月的期限，但单个行动应该只有几天的期限，最多几周。

恭喜你！现在你终于有了一个详细的行动计划了！把它放在你每天都可以看到的地方。贴一份到冰箱上，或者复印几份，在家里或者办公室也放几份。不要把它塞在抽屉里，如果你一个接一个地完成了计划中列出的行动，你就会感受到一个全新的、更加自信的自己，这对你来说意义非同小可。

如果没有明天，你还拖延吗

如果自信是指一个人无论有什么感受都要采取行动，那么拖延就是恶性循环。拖延是指你因为自己感觉不好而迟迟不愿行动的现象。自信和拖延都会加剧人的所思、所感、所想之间的循环关系。自信的行为会催生自信的信念和感受，而拖延的行为会让你产生做不到某件事的恐惧感。而且逃避的行为会催生一个恶性循环：你越逃避，你想要逃避的东西就会越多。

有些人总是迟迟不愿下决定或采取行动，因为他们想更加确定自己的决定是正确的。特别是要做出重大决定时，他们总是持着一种"等等看"的态度，希望完美的计划或合适的时机能够自己到来。但是，大多数时候等待仅仅给人带来一种错觉式的安全感。生活中我们的选择有很多，但是没有哪一个明显优于其他，所以我们很难下决定。如果你等得太久，你就会错过机会。你中意的工作机会并不永远为你留着，你所钟情的那个人可能会和其他人在一起，你想买的那套房子也可能会被另一个买主抢先买走。

总是把行动推迟到明天的人不只你一个。调查发现，大约有五分之一的人都认为自己不仅是一个拖延症患者，而且是一个慢性拖延症患者。万幸的是，有一种技巧可以改变这种情况，那就是给你的行为一点额外的助推力。

自信力助推器：破除拖延陋习

挑战等级：初级（你只需要花五分钟思考你的处境，然后调整状态，继续前行）。

我没有魔法棒来让你拥有超能力，所以你是唯一一个可以让自己行动起来的人。这里有一个小技巧可以稍微为你施加一点压力。

拿出你的日记本或笔记本。如果你想对自己的拖延症说再见的话，当你下次想拖延的时候，就把下面这些问题的答案写下来吧。

☺现在就开始行动的好处是什么？

☺把这件事留到以后再做的弊端是什么？

☺现在你不想做这件事的借口是什么？

☺你会因此失去什么呢？

☺现在就开始行动可以给你带来什么回报？

如果他们能做到……

45 岁的朱莉娅是一位摄影师。她被邀请去参加一个老朋友的聚会。但是她担心朋友们都比她更有钱，而且可能都已经结婚了，都住着豪华的大房子，等等。通过实践破除拖延陋习的练习，她意识到：

☺去参加聚会的好处是能联系上一些很多年没有见面的朋友，可能还可以重新认识一些新朋友；

☺不去参加聚会的弊端是剥夺了自己修复友谊的机会；

☺不去聚会的借口是，她认为自己会嫉妒朋友们更快乐、更成功的生活；

☺她什么也不会失去，最坏的情况只不过是她可能不高兴而提前离开，但这也只不过浪费了她晚上两个小时的时间而已；

☺为了激励自己去参加聚会，她决定去买一套新礼服，这套礼服以后在其他场合也可以穿。

若想给自己的生活带来一些变化，你就不应该等待机会自动降临，或者等待自信自动自发地形成。

不管你是心存疑虑还是紧张不安，自信就是要采取行动。一旦采取了行动，你就会感到更加自信，进而觉得安心和自豪，甚至会因此而睡得更好，所以现在就行动起来吧！

自信力小贴士

每记住一点，就打一个勾吧！

☺ 通过构建自己的生活愿景，你可以对自己的生活感到更从容和更有信心。如果生命是一场旅行，那么你的愿景就是一幅导游图。□

☺ 想一想你的优势以及你掌握并经常使用的技能，把它们融入你的目标之中，使你更加自信。□

☺ 自信的人知道自己的价值观是什么。价值观是一套准则，它指引着人们去实现自己想要的生活。如果你理解自己的价值观，你就可以做出更加自信的选择，这些选择会引导你把时间和精力投入到一些至关重要的事情上。□

☺ 设置有效目标时需要以科学知识为依据，这些科学知识表明了两件事：首先，如果你确定了何时何地采取行动，你就更容易达到目标；第二，你应该把目标和计划写下来。□

☺ 不要忘了目标应该是有韧性、有意义的，而且应该是积极、可见、有时限的（SPOT）。□

☺ 自信是行动的结果。不要一直等到你觉得更自信了才采取行动，而要立刻行动起来，做一些让自己感到更自信的事。□

罗布·杨教授

你会交朋友吗？

当然会，我的朋友还很多呢！

罗布·杨教授

与他们来往，是弊大于利还是利大于弊？

朋友只是朋友，不会对我有什么影响。

罗布·杨教授

也许更了解他们之后，你就不会这么想了。

第 6 章
寻找自信的源泉

很少有人能够充分利用自己生命中蕴含的资源。

——理查德·伊芙琳·拜德，极地探险家

以一种良好、自信的状态朝着目标迈进的时候，你也会感觉现在的自己比以往更有收获、更有力量。然而，就像潮起潮落一样，情绪和自信也会出现波动。也许你会因为和同事发生争吵，被别人批评，或者发现电脑上的重要文件被误删了而恼火。但其实每个人都经历过矛盾、冲突和令人难以忍受的困境，在那种时候我们都会感到伤心、愤怒、挫败甚至抓狂。

幸运的是，我们自身都有一种力量源泉，它可以提供巨大的力量让我们提振情绪、恢复自信。如果你能透彻地了解到自己拥有哪些资源，就可以自如地为自信提供持久的能量。即便是在最困难的时候，也依然懂得如何恢复和保持自信。

你的自信从何而来

不同的人会利用不同的资源为自己积聚力量。每当遇到不开心的事，我都会去体育馆做负重练习，我妻子则会去烤松饼，我的一个好朋友会躲到一辆盖着破布的老爷车里独处一会儿，而我的一个来访者则选择组装计算机。

你的力量来源是什么呢？也许和很多人一样，你会把最好的朋友或者最珍视的物品当作力量来源，也可能有自己独特的方法。

☺全神贯注地做一些事，例如运动、烹饪、唱歌、洗个热水澡等。

☺ 关注自己的精神追求和信仰。

☺ 让自己沉浸在艺术或音乐中。

☺ 与人相聚。

☺ 冥想或远离人群享受安静的时间。

☺ 回忆过去的美好时光。

☺ 去某些特殊的地方。

☺ 读有启发的语录、历史人物故事等。

你也许有自己最喜欢、最习惯的方法，比如全身心地投入到拳击或者瑜伽活动中，看一部自己喜欢的电影，做一顿美味大餐，抑或是躺在烛光环绕的浴缸里放松身体，在电脑游戏中大战外星人，给朋友打个电话聊聊天，诸如此类。然而重要的是，你不能总是依赖同一种方法，因为有些方法只能在特定的时间和情况下给你力量。

接下来这项练习可以帮你发现自己在各个方面（包括宗教、活动和其他方面）可以利用的力量来源。一旦在不同情况下感到郁闷消沉，你就可以采取不同的方法恢复自信了。

行动起来：开发你的自信源泉

挑战等级：初级（记下能让你放松或者感觉更好的方式，不会花费你太长时间，但是请你将你列出的表单安全地存放在某个地方，以便将来在这份列表中添加新的内容）。

用"当……的时候，我感觉很好"的句式，尽可能多地写下能让你感觉更轻松、更舒适的方法。把所有出现在脑海中的想法都记下来，你能想到的方法越具体，你就越有能力在自己状态不佳时进行自我调节。你可以用几天甚至是几周的时间来完成这个练习，因为当你暂时把它放在一旁时，新的想法也许就会突然冒出来。

完成这个列表之后，试着在你写下的方法中找出那些最有建设性的。举个例子来说，吃冰淇淋是个不错的放松办法，但是每天晚上都吃三个冰淇淋就不那么有建设性了。

妥善保管这个列表，它就是你掌控情绪、保持自信的秘籍。

现在轮到你动手了。列出你的资源列表只需要几分钟的时间，赶快拿起笔完成下面的三个句子吧！

当 ＿＿＿＿＿＿＿＿＿＿ 的时候，我感觉很好。

当 ＿＿＿＿＿＿＿＿＿＿ 的时候，我感觉很好。

当 ＿＿＿＿＿＿＿＿＿＿ 的时候，我感觉很好。

如果他们能做到……

亚当今年46岁，刚刚离婚不久，是一个自由电视制片人。他喜欢自己的工作，但他发现自己在面对工作中的起伏时总是感觉很吃力。比如，没有接到合同时，他总会担心自己没有足够的收入支付账单，而当他接到合同时，又必须每天加班，和挑剔的执行制片人以及各种"天后"级别的演员打交道。为了应对现在的工作压力，同时消除人际关系带来的恐惧感，他用"当……的时候，我感觉很好"这个句式写下了自己的力量来源列表，其中 10 项如下。

和我的两个孩子在一起，特别是和他们一起在花园里踢足球，帮他们完成作业，教他们做饭的时候，我感觉很好。

听音乐的时候我感觉很好，比如我需要冷静下来的时候，我就会听玛黛琳·蓓荷（Madeleine Peyroux）的歌曲，而当我需要更多能量的时候，我会选择缪斯乐队的《空虚无底的黑洞》，还有凯撒首长乐队的《我预测了骚乱》。

骑车穿过公园，特别是在深夜里的公园又暗又静的时候，我感觉很好。

看《辛普森一家》捧腹大笑的时候，我感觉很好。

研磨咖啡豆，然后煮出一壶美味的咖啡时，我感觉很好。不在家的时候，咖啡量加倍的拿铁也能让我感觉很棒。

早上起来做 30 个俯卧撑的时候，我感觉很好。

和克里斯讨论问题的时候，我感觉很好。一旦脑袋不灵光了，我总能依靠和他谈话得到一些新的

165

启发，哪怕只是一通电话或一条短信，也能让我茅塞顿开。

打电话给我爸爸或者和我家的小狗"聊天"的时候，我感觉很好。有时候只是听到它们在院子里的叫声就能让我像傻子一样笑起来。

看凯丝·莱克斯（Kathy Reichs）、李·查德（Lee Child）等人写的惊悚小说的时候，我感觉很好。

跟懂球的人讨论最新的比赛结果的时候，我感觉很好。

写好力量来源列表后，记得要经常拿出来用一用，给自己创造一些使用它的机会。你可以早上起床后第一件事就拿起它读一读，或者下班回家后、晚上睡觉前拿它来读一读。你也许会说上班的时候实在太忙，下班后家里还有很多事情要做，实在没有时间来做这个练习。但是，为什么不能抽出一点时间来做一些真正和你有关的事情呢？即便你在繁忙的一天中只能抽出十分钟的空闲时间，也要把为自己补充能量和信心当成是每天的习惯。养成这样的习惯之后，不论现实生活中有多少不如意，你都能很好地应对。

他是损友还是益友

人类天生就具备社会性，对社会互动有持久的需求。

166

即便是最能自给自足的人，也能从人际互动中受益。因此，在通往自信的旅途上，我们也不必独行。试着从你的好朋友、父母、老师、同事、老板、导师、邻居中去寻找那些可以给你鼓励、支持、建议，让你产生共鸣的人，争取让他们成为你成功路上的助力。

刚开始的时候，你可以简单地对你在意的人许下承诺，告诉他们你不会让他们失望。不过，在你打电话、发邮件或登门拜访之前，要明白不同的人会给你提供不同形式的支持。我母亲永远都在积极地支持我，给我无条件的爱，所以当我需要人来指出我的错误时，我知道她不是最好的选择对象。同样，我以前的一位老板拥有敏锐的洞察力，总能在我迷茫时为我指点迷津，但他并不总是能积极地支持和鼓励我。

自信力行动派

想一想，当你举步维艰、心灰意冷的时候，谁会提醒你要念及己任、重新奋进？当你心情低落的时候，谁会对此感同身受？当你在工作、事业和情感中遭遇困境的时候，谁又能为你指点迷津？

有些人总是会趁你倾诉的时候告诉你到底哪里做错了，然后指出你应该怎样做。不要向这类人寻求帮助，要去找那些愿意倾听你的故事，并帮助你做出决定的人。这是因为当你正在努力建立自信时，需要的是他人的支持和鼓励，而不是为你做决定，为你的决定负责，最后让你依赖他们。

> 　　与朋友分享幸福，幸福会增加；与朋友分担痛苦，痛苦会减少。
>
> 　　　　　　　　　　　　——西塞罗，古罗马哲学家

　　美国社交名媛、希尔顿家族的女继承人帕里斯·希尔顿（Paris Hilton）发明了"朋敌"（Friend-enemies）这个词语。正如字面上一样，它是指那些围绕在你周围的损友，是一些看似朋友的敌人。经历过很多事情之后，帕里斯·希尔顿惊奇地发现，那些簇拥在自己身边的人并不都是真心对她好的人。

　　同样，并不是你周围所有人都能帮助你更好地建立自信。他人对待我们的方式会影响我们对自己的认识，最后我们将变成对方眼中的样子。如果你和那些总是给你积极鼓励的人在一起，你就会变得更自信；如果你总是被那些消极、打击你的人影响，你的自信也很有可能每况愈下。

　　话虽然说得很清楚了，但知易行难。你是否认真考虑过应该如何对待身边那些对你而言弊大于利的朋友和熟人呢？当然，我们都希望自己受到所有人的欢迎，可这是不现实的。不必再与那些总是打击你的自信、消耗你的热情与能量的人继续交往了。那些让你的付出远大于所得的人，也不值得你浪费那么多时间。那些对你有百害而无一

利的人际关系，也没有必要继续维持下去。不管他们过去为你付出过什么，为了照顾好自己，给自己享受自信生活的权利，离开他们才是正确的选择。

有些"坏人"可以耗尽你的自信，有些"好人"能促进你建立自信。我们的行为在很大程度上都在受周围人的影响。因此，找出自己身边能促使你建立自信、实现目标的人是非常有必要的。如果你想要在霸道的同事面前不卑不亢，就应该和那些不畏强暴的同事一起吃饭；如果你想让自己的学识更加渊博，就要多和那些博览群书的朋友来往。和那些志同道合的人分享你的理想，他们就能给你支持和动力。

自信能传染，关键是要找到能够感染你的人。

行动起来：交友需谨慎

挑战等级：中级（浏览你的通讯录只需要几分钟，但有些人认为这是一种具有挑战性的练习，因为对他们的朋友进行分类会让他们感到忧虑。但是请记住，这不是让你区别对待不同的朋友，而是让你更慎重地对待你的朋友，将时间花在有意义的事情上）。

在过去的几十年间，心理学家、社会学家甚至是经济学家都找到了大量的证据，证据表明我们身边的人会给我们的行为和幸福感带来实质性的影响。总是和烟鬼混在一起的人，当然很难把烟戒掉；总和铁杆体育迷在一起的人，自然会看很多比赛。密苏里大学的研究结果也表明，如果一群人总是在一起讨论自己的问题和烦恼，他们更容易变得抑郁和焦虑。因此，经常与能给你支持和鼓励的人在一起，你就会受到他们的感染，这也是情理之中的。

接下来我们做一个练习，在一张纸上划两条竖线，将纸分为三个部分，在每个部分的顶端分别写上"A""B"和"C"，在脑海中依次回想你朋友的名字（如果有必要的话，可以翻阅电话本或者查看电子邮箱的联系人名单），按照下面的规则，将这些名字分别填到"A""B""C"三类中去。

A. 最积极、给你最多支持和鼓励的朋友。这些朋友总是对你的生活、近况和感受很感兴趣。要把他们找出来也是很容易的，因为每次见到他们都会让你感到非常开心。如果你过得好，他们会由衷地为你感到高兴；如果你过得不好，他们就会很真切地关心你。他们知道你最喜欢什么、最在意什么。他们在讲到自己的时候，也是积极乐观的。你也许不会经常见到他们，但是每次见到他们都会让你感到如沐春风。

B. 对你的生活比较感兴趣，能给你一些支持的朋友。这样的朋友介于*A*类朋友和后面将要介绍的*C*类朋友之间。

C. 很少支持你的人。这些人也许经常和你见面，有时候也能让你很开心。但是，你内心深处知道他们并不是你最需要的朋友。他们述说自己的时间多于倾听的时间，对你的生活也很少提出疑问。他们也可能

总是在你面前抱怨别人，表达消极悲观的想法。和A类朋友相比，跟这样的人在一起对你没有任何好处，特别是当你的自信心比较脆弱的时候，还是离他们远一点比较好。

现在，三类朋友的名单都写好了。你也许会觉得C类朋友也能带给你很多快乐，但是他们真的能促进你的成长、拓宽你的视野吗？如果想获得更多的支持和自信，就多和A类朋友在一起吧。我当然不是说要和C类朋友绝交，我只是建议你要对有限的社交时间进行更好的分配。现在，你是不是希望能够有更多关心你、支持你、提升你自信的朋友围绕在身边呢？你可以想三个办法来实现这个目标并把它们写下来，在接下来的一周里付诸实施。

有一个能让你自信的环境很重要

很多人都想减肥，但我们都知道人的意志力并不持久，并不是每个人都能减肥成功。因此在决定减肥的时候，你就要立刻就把那些高糖、高脂肪的食物从橱柜里拿走，因为在你意志力薄弱的时候，一块小小的巧克力、一袋小小的饼干就能让你屈服。

改变自己的生活总是要付出一番努力的，但有时候仅仅改变环境而不用改变自己的行为就能达到提升自信的效果。如果你想要提高对自己身材的信心，就把那些充斥着超模照片的杂志扔了吧，整天泡在那些杂志中间会让你对自己更加失望。如果你想多锻炼，那么就不要把运动服放在衣柜的最里面，不然每次想穿的时候都要拼命翻出来，这对你来讲是没有激励作用的。你应该把最喜欢的运动服放到最显眼的地方，这样下班一回到家你就知道该去锻炼了。

对于工作环境的改造也和对家庭环境的改造一样。假如你工作的时候总是会被窗外的事情打扰，那就把你的办公桌搬到面对墙的地方。假如你对面坐着一个总喜欢聊天的同事，那就在你们中间放一摞书，避免你们的视线接触。

你可以塑造自己周围的环境。你可以通过驱除那些阻碍你实现目标的事物，或者加入一些新的东西来达到改变的目的。例如，你可以在冰箱上贴一张你最喜欢的照片来提醒自己不要接触垃圾食品；在门后面贴一张便利贴，提醒自己在离开房间之前要微笑和积极思考；如果和小孩待在同一个房间学习容易分心的话，你可以为自己的计算机买一根延长线，到其他房间用计算机学习。总之，你要努力去做那些有助于你达成目标的事情。

自信力行动派

现在，找一张纸，写下三件你今天就可以做的事来改变环境，帮助自己更好地实现目标。

172

我会

我会

我会

把自信力"存"起来，以备不时之需

最近，一个大型电视舞蹈秀节目（具体名称不便透露）的制片人向我求助，他说参与这个节目的三位名人在这个真人秀节目的压力下已经接近崩溃。这三个人中有两个是著名的演员，另一个是知名的内衣模特。为了帮助他们克服紧张感，我设计了下面的练习。

你有没有过这样的经历：看老照片时会情不自禁地笑起来，听到最喜欢的歌时会想起过去的美好时光，和老朋友、老同事讲起过去一起共度的往事时会哈哈大笑？如果你的答案是肯定的，说明你已经体验到了回忆的力量。

回忆过去的成就和快乐时光是一个令人沉迷的好方法，它能够在短时间内调整你的情绪，提升你的自信。芝加哥大学的研究员弗雷德·布莱恩特（Fred Bryant）发现，只需要 10 分钟的回忆，人的感受就会有明显的变化。

173

这个方法不仅见效快，而且具有普遍的适用性。在事情发生之后，比如度过艰难的一天、被人拒绝、与人争吵之后，你可以用这个办法来重建自己的信心。另外，当你即将面对某些具有挑战性的情境时，例如要考驾照、第一天去新的单位上班或是去赴一个很重要的约会，你也可以在事前试试这个办法，让自己提前做些准备从而具备充足的自信。

很多人都低估了自己过去的成就和高昂情绪，他们总认为过去的成就和高昂情绪简直凤毛麟角，甚至干脆认为那些都是自然而然、理所应当的。这样想对你不会有什么好处。在脑海中仔细搜索过去的成就和经历，能够很好地提醒你，其实你比自己想象的要坚强。慢慢回忆过去，你就会发现自己曾经成功地做了那么多的事情，将来一定能有更多的成就。这时，你就可以告诉自己："我已经做了这么多了，将来一定会做得更好。"

下面，我们就来做一项练习，一一列出你的成就。

行动起来：你有过哪些成就

挑战等级：中级（这个练习可能需要一段时间才能彻底完成。大多数人发现在几周内每天花少许时间来做这种练习比一次性地做完这种练习更有益）。

想一想，在你的生活中，你曾经取得了哪些成绩，完成了哪些壮举，战胜了哪些困难，取得了哪些胜利。在纸上将每一项成就都列出来，即便你觉得不确定，也要写下来，之后再进行修改。

　　这是你为自己写下的自传，它记录了你曾经取得的成就。在写的过程中，对"成就"的定义要尽可能地放宽。你的成就可以是众人皆知的大事，也可以是只有自己知道的小事。成就可以出现在你生活的方方面面，包括你的工作和事业、家庭和朋友、知识与学业，乃至你经历的挫折和战胜的困难。具体来说，你可以写下自己引以为傲的个性、掌握的技能、得到的赞美、付出的爱心、提出的创意、影响过的人。这样一来，你的列表就会变得非常丰富。

　　也许你会注意到，这项练习和第 5 章中的"说出你的优势"有些相似。我建议你在做这项练习之前不要看前面写下的东西，因为那样会让你的思维只集中在工作中的成就或者更实际的成就上。在此练习中，我们对成就的定义要宽泛得多，生活中所有的成绩、成就、战胜的困难和取得的胜利都可以包括在内。

　　在写的过程中，你也许会突然觉得："哇，原来我取得了这么多成就！"的确，将来你还可以做得更好。

　　要坚持不断更新你的列表，每过几个小时或者几天就把一些新的想法加上去。你可以把它放在床边，这样就不会漏掉睡前或者起床时的想法了。成就列表需要不断更新，这样它就会变成一个一直在变化、从不会完结的列表。记得每次完成一件事情之后，都在列表中加上一条，这样你的列表会越来越长，你的自信心也将越来越强。

有时，当你在列表上写下几件事情之后，关于过去成就的记忆会像开闸的洪水一样汹涌而来；但有些时候，你写着写着就什么也写不出来了。这种情况并不仅仅发生在你身上。发生这种情况的主要原因是你只想到了那些"大"的成就，而忽视了很多其他成就。要记住，你的列表只是写你自己的事情，不一定要多么惊天动地。以下是从别人的列表中摘录的例子，可供参考。

我完成了 14 个项目设计，还在我的研究基础上写了一篇扩展论文。

把我的两个孩子培养成人，他们现在都很健康、快乐而且有责任感。

我升职当了区域经理。

从家里搬出来，做到了经济独立，不用再向父母要钱了。

信守我在凯特 40 岁生日时给她许下的承诺，这一年来我已跟她有过 6 次约会了。

五年来，我一直坚持每两周带儿子去足球场练习一次，并且一直在场边陪着他，看他踢球，不断给他鼓励。

不断提升我在工作中的表现，这两年经理给我的评价都是"A"。

在家里安装了无线网络。

在部门大会上做了报告，虽然我自己感觉并不好，但是大家都给了我很高的评价。

自己买房，自己装修，建造了一个属于自己的小家庭。

我的女儿主动给我拥抱，还说她很爱我，这让我感到非常高兴。

虽然考前紧张得头痛，以至于考完之后我必须躺着休息，但我终于通过考试拿到驾照了。

自信力行动派

即便你没有时间制作完整的成就列表，但你现在依然可以简单记一下自己的部分成就，问问自己下面这些问题。

☺我最近有没有取得让自己满意的成就？

☺什么时候，我的价值得到了他人或集体的肯定？

☺什么时候，我践行了自己的信念，做了一些对自己来说很重要的事情？

☺什么时候，我拥有影响他人、集体和整个环境的能力？

你"存"的自信力够多吗

一般来说，在进行成就列表这项练习时，你只需把事实写下来就可以了。但是，如果能够收集到当时的一些纪念品或者和那些回忆有关的物品，就会让你在回想过去的同时，全身心地投入到那些美好的回忆中去。通过这样的方法，你也可以丰富自己的成就列表，珍藏更多自己在最开心、最自信的时候留下的回忆和往事。每个人用以存储回忆的物品可能都不太一样，但大致可以归纳为以下几类。

☺ 奖状、奖杯和证书。就算是你小时候得到的东西，也能强烈地激起你的美好回忆。

☺ 别人写给你表示祝贺的信件和卡片。

☺ 首饰、护身符或者是你最喜欢的衣服配饰。

☺ 工作中用到的一些东西，比如第一份工资单，表现最好时的工作日记，你喜欢的同事的名片等。

☺ 纪念品、书甚至香水等。

☺ 引文、句子和声音，比如音乐、诗歌等。

☺ 珍贵的录像和照片，可以是关于假期、工作派对、婚礼、生日晚会等内容的。

仅仅把你珍藏的小盒子翻出来是不够的，你还要收集一些别的东西储存到你的"自信银行"中。每当你体験到成功或者感觉很棒时，就要努力留住这种感觉，例如，拍一些照片，捡一颗沙滩上的鹅卵石，写一张明信片或记几行日记。这样，你就能收集到更多的藏品，并存进"自信银行"了。

成就列表使用法

现在我们来看看成就列表该如何使用。当你感到情绪低落，需要有人来拉你一把时，就要花上 10 分钟的时间，重新体验一下过去的成就。就像放电影一样，重播那些让你感觉很棒的片段，调动你的视觉、听觉、嗅觉乃至触觉，让自己全身心投入到当时的情境中去。想想那时候的你，处于怎样一种自信、满足和骄傲的状态。不要去分析到底是什么让你如此开心或是从这件事中你学到了什么，而要用你全部的精力去细细体会当时的感受。

针对你正面临的特殊挑战，你可以有针对性地选择一组相应的往事和回忆来提升自己的信心。假如你感觉自己近期的社交状况不好，就在纸上为你近年来交到的朋友编一份详细的档案。假如你正要去约会，就在纸上写下自己的长处和优点。

如果他们能做到……

卡洛琳今年 52 岁，她一直都从事出版工作。在过去的 14 年里，她一直在做一份面向飞机乘客的杂志的编辑工作。

179

然而，因为公司收购和管理层重组，卡洛琳失业了。为了找到新工作，她必须去参加各种面试，这让她感到非常焦虑。

她申请了很多份工作，也得到了不少面试机会。在面试前，她也会做很多的准备工作，了解招聘企业，想象面试官可能会提出的问题，思考相应的答案，她还会在家里的镜子前练习回答问题。这些对她来说都不难，因为对于这个行业的里里外外，她都了解得非常清楚。她唯一担心的是，有时候自己在陌生人面前表现得不够自信。因此，她准备了一系列材料，建成了一个自信档案，希望能让自己在面试的时候变得更加自信。

在面试当天的早上，她像平常一样做好早饭，然后花了半个小时翻阅自己的"自信档案"。当别的应聘者正在做面试前最后的突击准备时，她却在回忆自己过去的成就。她的自信档案里，有过去负责编辑的杂志样本，有最好的朋友写给她的鼓励信，还有原来的老板为祝贺她取得的成就写的电子邮件的打印件。她还看了一张去年圣诞节聚餐时的照片，那上面有近些年来她领导和指导过的所有人，还有八岁的侄子寄给她的明信片，这些都让她感觉非常好。

自信档案起到了很大的作用，因为这不仅仅消除了她的紧张情绪，也让她做好了充分的准备，在面试中展现出了自己最好的一面。

别被身体状态拖后腿

虽然在这本书里，我们多数时候都在关注头脑中的想法和感受，但没有理由因此忽视身体的作用。

我有一个从事管理咨询工作的朋友，他是那种事业第一的人。在过去的几年里，他的生意规模扩大了四倍，但是他也开始频繁地遇到各种健康问题。他总是说，自己要多锻炼、要减肥，可是却一直忙于工作从未真正执行过。最近他又因为久治不愈的肩伤去看医生了，而且他总是很容易感冒、咳嗽。我相信，如果他的身体状况能好一些的话，他在事业上的成就也会更高。因为，如果不是爬一层楼梯就累得要断气，随时随地要担心自己脆弱的肩膀，见客户时也随时可能咳嗽打喷嚏，他肯定可以把事业做得更好。

> 生活不只是活着，而是健康地活着。
>
> ——马迪尔，古罗马诗人

身体和心灵并不是两个分离的系统，它们是互相影响的，谁也无法独立存在。就算你把自己的心灵训练得再强大，如果没有与之相配的身体条件，你也会感到失望。即便你只想要增强自己在工作、社交、家庭或者是夫妻生活方面的自信，你也应该记住，如果没有健康的身体作为前提，你什么都做不了。

我不会告你应该做什么，因为其实你早已经知道该做什么了。少吃精制食品，多吃水果和蔬菜，少喝高糖饮料，多喝白开水，不要抽烟，少喝些酒，坚持有规律的锻炼。其实我们都知道该做什么，只是在不停地拖延，总想着等到有合适的时间再开始做。你有没有想过，现在就是最合适的时间？

自信力行动派

有什么办法可以让你的身体像你的心灵一样得到进步？请写出三点。

我可以 _____

我可以 _____

我可以 _____

感觉有时越糟越好

说到滋养身体和心灵的话题，药物滥用的话题值得探讨。

我有一个朋友将要在一场婚礼上作为伴郎向新人致

辞，这让他感到非常焦虑，以至于他想让他的医生朋友私底下给他开镇静剂。我不知道他最后是否开到药了，但是我知道药物和酒精永远都不是长久的办法，它们只能在短时间内让你对周围环境的意识变得模糊一点罢了。

心理学界有个说法，"感觉越好，情况越糟；感觉越糟，情况越好"。饮酒、吃药的确能在短时间内让人感觉良好，但是在这个过程中，除了依赖药物，你什么都没有学到，自信心反而因此受到损害。通过远离药物让自己的情况变好才是最正确的选择，尽管这样会让你感觉到不舒服。最开始的时候你会感到焦虑、担心甚至是恶心，但是每当成功克服一次不适感时，你就能取得一点进步。在一次次面对让你焦虑的情况之后，你对不适感的感觉将逐渐钝化，最终将完全适应这种不适感，成功摆脱了对药物的依赖。

变得更加自信并不总是件容易的事，但是你已经比你感受到的更强大了。所以积极采取行动吧，请记住当你表现得很自信时，你就会真的充满自信。

自信力小贴士

每记住一点，就打一个勾吧！

☺每个人都是独特的存在，所以你需要去发掘，在什么情况下，什么样的资源能让你变得更自信。一旦你确定了某种安排对你很有效，就要在日常生活中坚持下去。□

☺你是独特的存在并不意味着你要把自己孤立起

183

来。我们都是有社交需求的动物，都能从身边合适的人身上获取力量。但是要记住，并不是你交往的每一个人都对你的幸福感和自信心有益。□

☺你从小到大的记忆就是你所掌握的最有力的资源。做一个成就列表，然后不断地给它加上新的内容，这样你就能建立起一个强大的数据库来提醒自己：我比自己想象的要强大。□

☺你的整个系统是由身体和心灵共同构成的。如果没有好的身体，就很难有自信的心灵。□

罗布·杨教授

假如你的同事的态度很蛮横，你会如何应对？

尽量忍耐吧，否则很难相处。

罗布·杨教授

如果他的态度已经让你忍无可忍了，你会怎么办？

还是要忍耐吧，撕破脸就很难再做同事了。

罗布·杨教授

也许再自信一点，你就不会这么想了。

第 7 章
找回战胜挫折的自信

机会和困难之间的差异是什么？是我们对待它们的态度。每一个机会背后都潜伏着困难；每一个困难背后，同样也蕴藏着机会。

——巴斯特，神学家

在生活中，每个人都会遭遇挫折，感到失望。很少有人能够轻而易举地实现自己的目标。即便是最优秀的求职者，也可能会在面试中被拒绝，在提升时被忽略；那些看起来很活跃的人，也会在与别人约会的过程中被拒绝；那些看起来春风得意的企业家，也曾几十次上百次地被投资人回绝。无论是谁，如果他就此放弃，挫折就会摧毁他的自信力。

生活中还有很多意料之外的挑战，诸如公司裁员、家庭突变、伤病来袭、爱人离世乃至环境突变等。这样的事情也一样会让我们对自己失去信心，甚至产生厌世的想法。幸好，我们还有更好的办法来应对它们。

你会不会遭遇挫折和困难并不重要，因为这些事每个人都会遇到。重要的是遭遇挫折和困难之后，你能不能迅速恢复，有所领悟并且变得更强大。在这一章里，我们将学习如何做到这一点。

吸取教训，世上便没有失败这回事

我们首先来看一些非常有名的案例吧。

詹姆斯·戴森（James Dyson）立志要发明一款新型真空吸尘器。他失败了 5127 次才成功地研制出了无袋式真空吸尘器的原型机。现在，这款吸尘器已经成为全世界最畅销的产品。经历了那么多次的失败，他会不会丧气呢？当然会，但是他没有放弃，而是一直坚持。

温斯顿·丘吉尔（Winston Churchill）一生的大部分时间里都在竞选公职，可是无一例外地一败涂地。直到62岁，他才第一次赢得竞选，而这一次，他当选了英国首相。

美国超级巨星麦当娜（Madonna）曾经有很多年事业不成功。那段时间她一面不停地参加各种试镜，一面在快餐店炸面包圈维持生计。唱片出版商一次又一次地拒绝她，还说她根本没有唱歌的天分。在这样艰难的情况下，只要一念之差，她便有可能放弃。然而她没有，于是，就有了我们后来所熟知的"流行天后"。

即便是著名的企业家、运动员、娱乐明星乃至世界领袖，也不能保证自己每一次都会成功，更何况我们呢？如果你某次失败了，那就告诉自己"人不可能每次都成功"，然后思考下次怎样做才会更好。

> "失败只是一种反馈。"
>
> ——罗伯特·艾伦，作家

选择权就在你手中

生活中总是会有不好的事情发生，例如，没拿到升职的机会，申请经费被拒绝，约会后对方不回电话，为了参

189

加比赛，练习了好几个月，最后却找不到人组队。发生这些事情的时候，你会有什么感觉呢？你会考虑放弃吗？

自信的人也会经历挫折，也会被拒绝、被抛弃、被别人当作傻瓜，但是他们从来不会被挫折牵着鼻子走。如果没有得到自己想要的结果，他们会换种方式再来一次。他们有可能会一次又一次地失败，但是一定会一次又一次地站起来，总结经验，吸取教训，然后义无反顾地继续前行。他们不会把挫折、失败和逆境当成无法跨越的屏障，而是把它们当成是成功路上必须要战胜的困难。

你也可以采用这样的方式去看待挫折。很多时候，你的确会感到心灰意冷甚至想要放弃，但是请记住，人的行为、想法和感受之间是循环联系着的。与其让自己成为情绪的"奴隶"，还不如去做点什么。永远不要被情绪征服，不要理会它，勇敢地去选择自己该做的事。

> 如果你在经历重大的困难，不要放弃，继续努力往前走。
>
> ——温斯顿·丘吉尔，英国前首相

离自信更近一点

你可以说"我在这个任务中失败了"，但永远不要说"我是一位失败者"。自信的人明白一次失败不等于永远失败。

你不会称呼你的朋友"失败者"，所以也不要把这样的标签贴在自己身上。挫折是暂时的，而不是永久的；你可以战胜或者绕行挫折，而不是走进死胡同里坐以待毙。

也许你会问："如果我控制不了所处的环境怎么办？"你也许会说："我没办法让老板给自己一个升职的机会，也不确定我爱的人一定爱我。"我想告诉你的是：这些的确都不是你能控制的。你不能决定什么事情会发生在自己身上，但是你可以控制自己对这些事情的反应。当你遭遇挫折的时候，你可以把这当成放弃的借口，也可以排除困难继续前行。升职不成之后，你可以选择消沉，然后放弃努力；也可以选择发现自己哪些地方做得还不够，继续努力争取下一个升职的机会。被人甩了之后，你可以选择闭门不出，只是听着伤感的音乐独自悲伤，也可以吸取教训，更好地与其他朋友相处。

时光一去不复返，过去的事情不能重来。事情发生之后，责备别人或者抱怨环境都没有任何意义，不如认真考虑自己能改变什么，接下来能做些什么吧！

自信力行动派

花点时间认真想想自己的生活，看哪些事情是自己能控制的，哪些事情是不能控制的，分别记下来。

我能控制的事情：

我不能控制的事情：

　　再看一看你写下的那些不能改变的事情，你确定它们真的无法改变吗？是一点都不能改变的吗？如果真是这样，那就忽略它们吧。为不能改变的事情而烦恼是完全没有意义的，关注那些能改变的事情就好了。

危机来了怎么办

　　现在我们来看看该如何面对危机了。

　　在进入正题之前，先来看点有关进化心理学的故事。大多数动物都是只受本能驱使的生物，它们不用考虑午餐吃什么比较好，也不用费心去安排周末和朋友见面的事情。人类是唯一能够进行理性思考并且制定计划的动物。然而，我们并不总能保持理智。受到威胁的时候，我们往往会失去理性思考的能力，变得情绪化、非理性甚至被本能所驱动。

　　不知你是否听说过心理学中的"战斗—逃跑—僵硬"反应系统。心理学家认为包括人在内的所有动物都有一个保护自身不受伤害的、先天形成的内在系统。当我们的祖先遇到凶残的猛兽时，大脑中的"战斗—逃跑—僵硬"反应系统便迅速发挥作用，帮助他们脱离危险。在那样危急的情况下，人们根本没有多余的时来考虑该怎么办，而只能在本能的驱使下选择战斗、逃跑或者保持不动来防止自己被野兽发现。

生活在现代的我们早已不用担心自己被猛兽吃掉，但是依然会受到先天的"战斗—逃跑—僵硬"反应的影响。身处危机时，我们在无人挑衅的情况下也会变得无比愤怒，也可能因为过度焦虑而想要逃跑，甚至因为犹豫不决而无法动弹。

幸好，我们还可以绕过"战斗—逃跑—僵硬"反应让自己重新掌握控制权。只需要问自己几个问题，我们便可以做出正确而有效的反应。

自信力助推器：焦虑六问（STRAIN）

挑战等级：高级（当你感到自己过于情绪化时，你需要动用强大的意志力去努力解决问题。然而，理性思维可以帮助许多人缓解情绪化，增强自我控制力）。

STRAIN 代表处于应激状态时你需要想清楚的六个问题，它们分别是程度（Scale）、时间 (Time)、反应（Response）、行动（Action）、启示（Implications）以及积极的想法（Nourishing thought）。当你的房子因为水管爆裂而浸水时，当你被同事公开羞辱时，当你在婚礼上面对你的新娘感到害羞时，当你刚刚被炒鱿鱼时，你都处于应激状态。下面的问题能让你暂时喘口气，缓解挫折带来的不良情绪，帮助你做出理性而有效的反应。

☺ 程度（Scale）。以 0 到 10 分对所遇到的事情的严重性进行评分。当我们处于应激状态时，总是会高估事情的严重程度，把它当成世上最糟糕的结果。但是，此时此刻，有人有生命危险吗？有人会闯入你家绑走你的孩子吗？只有这样的事情才值得评到 9 分或者 10 分。你现在的经历又有多严重呢？能评到多少分呢？

☺ 时间（Time）。这件事有多大可能性会持续半年呢？这也许算"事后诸葛亮"吧，昨天看起来还非常可怕的事情，今天再看就觉得没有那么糟糕了。现在再看上个月的痛苦遭遇，也可能它就变成了一件正常甚至是很好玩的事了。所以，当你正被一件事折磨时，不妨想一想它会持续多久，真的可怕到足以让你痛苦半年吗？

☺ 反应（Response）。你是不是做出了合理而有效的反应？你是不是把自己的头埋进沙子里就希望事情能够这样过去？你是不是太愤怒、太悲伤或者已经决定放弃了？检查自己的反应是否具备合理性和有效性，这样你就不会一直做那些徒劳无功的事情了。

☺ 行动（Action）。采取什么行动能够改善现有的状况？过去的都已经过去了，已经发生了的不可能再改变。你不能改变过去那些让你难受的事和那些让你

194

失望的人，你只能选择现在怎么做。不论你之前的反应是有效的还是无效的，现在你需要做的是确定自己下一步的行动，同时也要决定你希望拥有哪种情绪。有时候，失败意味着应该换一种方法。如果你目前为止的做法都是错误的，那么换成任何一种别的做法都会更有效。想想你要如何行动吧！

☺ 启示（*Implications*）。如果再出现这种情况，你会采取什么不同的方法？事情发生一段时间之后，等到一切尘埃落定，问问自己，如果再次遇到这种情况，该怎么做才能不犯同样的错误。再问问自己，要采取什么手段，才能从根本上杜绝这种情况再次发生。

☺ 积极的想法（*Nourishing thought*）。你能从所处的困境中发现什么积极的东西呢？人们常说，一扇门关上的时候，另一扇窗就打开了。通过发现困境中积极的一面，学会举一反三，每当遇到困难的时候，你就会以积极的、有建设性的、有益的角度来看待自己的境遇。

STRAIN 中的 N 提醒我们寻找那些带来益处的想法。这样，看起来是挫折的事情，其实能让我们学到很多东西，甚至创造出新的机遇。

我曾经被炒过鱿鱼，老板说我的工作干得一团糟，让我马上拎包走人。当时我不仅仅是不开心，应该说是痛苦

195

到了极点。但我很快就找到了新的工作，比原来赚得更多，而且还能充分发挥自己的才能。我的新老板一直鼓励我坚持自己的兴趣，所以我才能写出这本书。后来，我的一本书引起了英国广播公司（BBC）的注意，他们为我拍了一部电视片，还邀请我去参加了一个帮助人们找到梦寐以求的工作的电视节目。我一直认为那个节目是我职业生涯的最高峰。假如我没有被炒，这一切都不会发生。所以，被炒了也不一定是坏事。

生活给我们最大的启示和机遇往往都是伪装成挫折出现的。有时候，它们伪装得太好了，以至于我们只能在一段时间之后才能发现其中蕴含的机遇。

如果他们能做到……

几年前我的一个朋友离婚了。我叫她谢丽尔。她之前一直过着幸福的婚姻生活，怎料她的丈夫被传出办公室绯闻，她也因此而不得不辞职。谢丽尔有一个年幼的女儿，离婚后她带着女儿搬进一个较小的房子，她不断寻找新的工作机会，并作为一位单身母亲照顾女儿。你知道她现在过着怎样的生活吗？她是一个成功的导演，遇到了她现在的恋人——一个英俊的滑雪教练！

自信力行动派

也许我说挫折往往可以转化成机遇，这并不能让你信服，那就尽管相信你自己得到的结论吧！但是也请先花五分钟时间回答下面这些问题。

☺ 从表面上看，你犯过的最严重的错误或者经历过的最大的挫折是什么？

☺ 那件事的具体经过是怎样的？

☺ 你为什么会把它当成错误和挫折？

☺ 你得到了什么教训？这个教训后来是否对你有帮助？

☺ 那次挫折有没有给你带来机遇？

☺ 经过那件事之后，你对成功和失败的理解是不是改变了？

放下过去，继续生活

因为自己做得不够好而伤心，的确是人的本性。但是，事后诸葛亮的做法很容易让我们更难受。事情过去了，我们倒开始觉得当时应该再坚持一下，应该去参加那个晚会，应该约那个美女（帅哥）出来，不应该脱口而出说了自己的想法，不该把车停在双黄线上，不该维持那段不合适的感情，等等。可这一切都已经发生过了。不过没关系，生活还将继续，打起精神来继续前行吧。

STRAIN 部分的问题是为了帮你展望未来而不是沉湎于过去。可能你还没有想出"反应（Response）"部分的答案，但是你现在就要想清楚应该采取什么"行动（Action）"才能让生活继续下去？你怎样才能防止同样的事情再次发生？你从这件事情中看到了哪些积极面，得到了哪些教训，又创造了哪些机遇？

STRAIN 的六个问题并不神秘，而且很有用。每当你问自己这些问题时，就好像按下了大脑的重启键一样，情绪的骚动一扫而空，理性思维重新占据了控制地位。

我的一些来访者将这些问题写在了自己笔记本的扉页或者把写着 STRAIN 的便签条一直贴在显眼的位置上。只要坚持练习问自己这些问题，即便处在最艰难的情况下你也能保持自信。

一封写给自己的信

STRAIN 六问是一个强有力的工具，它可以帮助我们去除杂乱的情绪，并找到有效的应对措施。但是，有时候选择如何行动并不容易。你可能同时会有多种选择，每种选择都各有利弊。例如，换一份新工作你能有更大的职权和更高的收入，但同时，上下班也许要花更多的时间；结束一段不如意的感情会减少你的不快乐，但又同时存在以后再也遇不到合适的人的风险；举报同事的贿赂行为能让你的良心得到安宁，但也有可能让你官司缠身。

在你无法做出选择时，可以尝试系统比较的方法，来权衡多个选择，从而帮助自己做出最终的选择。给自己写一封信，那些错综复杂的问题就能迎刃而解。赶快试试这个方法吧，它的效果会让你喜出望外！

自信力助推器：做自己的教练

挑战等级：中级（一些人担心他们不知道写什么。但是坦率地讲，关键在于开始动笔去写。一旦你开始写作，你就可能发现写作比你想象中要简单）。

想象你是你的一位好朋友，给你写了一封信，帮助你分析当前的情况，指出你有哪些选择，最后提出合适的解决问题的办法。在信的开头一定要写上"亲爱的XX（你自己的名字）"，然后按照下面的步骤来写。

1.明确当前的问题或困境。我一张干净的纸，然后在上面描述出当前的情况。不要担心不知道该写什么，只要动手写就可以了，例如"我看到你现在的情况是……"。也许你写了几句话之后，突然有了灵感，后面要写的东西也就顺理成章地写出来了。在写的过程中，要记得描述发生了什么事情以及你有什么感受。

2.列举可能的选择。把所有可能解决当前困难的办法都写下来。即便是对那些非黑即白、非此即彼的问题，你也可以在极端的办法之间找到很多灵活变通的方法。例如，当你和配偶的婚姻关系出现问题时，除了选择继续在一起或者永远分开以外，还可以选择暂时分居或是接受婚姻咨询服务。如果暂时分居，还可以选择到朋友家去住上几个星期，也可以自己找房子住半年。只要稍微想一想，你就会有比最初多得多的想法。

3. 权衡利弊。写下每一种办法的利与弊，以及这些办法给你的感受。通过权衡利弊，你能够很轻易地找出哪些办法最有建设性。

4. 向前一小步。摆脱非此即彼的视角，重新审视你的现状，你可能就会发现自己应该前进的方向了。

很多人都在选择方向的时候无所适从，因为他们不知道哪种选择是对的。但是如果一直犹豫不决，这只会让你停滞不前。结果，看起来你好像还没有做出选择，但其实你已经选择了放弃。

行动本身就意味着进步。如果你不喜欢自己选择的事，至少你也知道了自己不喜欢什么。如果发现自己做了错误的决定，至少你也知道了正确答案不是这个。只要你做出决定，便会知道下一步该做些什么，不论是做什么，都比什么也不做要好。

在你的信中，有你对当前发生事情的描述，也有你对这些事情感受的描述，既有事实又有情感。这样做的原因是当你将自己的感受也考虑在内时，能够找到更有效的解决办法。曾经有研究者调查了一群被解雇的人，发现那些写下自己失业感受的人，比那些没有写过感受的人能更快地找到新工作。写感受并不是为了释放情绪而采用的空洞技术，它确实能够提供给人们更有效的解决办法。所以为了让自己更好地应对困境，记得不仅要写事实，还要写感受。

我的一个来访者给自己写了一封这样的信，分析现状并给出了可能的解决办法，然后将它用电子邮件寄给了自己，并且一直保存在收件箱里。另外一位女士为了给自己写这封信，特意买了一包非常贵的信纸。当然，即便你只是用便宜的信纸或者是自己的日记本来写这封信，这个方法的作用也不会减弱。

如果他们能做到……

36 岁的吉玛有一个 14 个月大的儿子，她现在正在烦恼要不要重新开始上班。一方面，她很喜欢律师的工作；另一方面，她又不愿意因为工作而失去见证儿子成长的机会，这可能会让她抱憾终身。她感到无从选择，于是便给自己写了下面这封信。

亲爱的吉玛：

乔纳森年底就要满两周岁了，这本来是件开心的事，可你现在却在犹豫是不是要重新开始工作。

你的确很怀念工作的气氛，你怀念和同事们聊天、给客户提建议时的那种感觉。这份工作不仅给了你丰厚的收入，也满足了你作为一个成功的职业女性所希望得到关注的愿望。当然现在回去工作也可能会遇到

201

困难，因为自从乔纳森出生以后，你就没有做过多少脑力劳动。你是不是还有足够的能力去帮客户解决问题呢？照顾儿子和工作是两种完全不同的挑战。毫无疑问，你很爱他，乐意一直陪着他。但是相比于脑力，他更考验你的耐心。现在你感觉自己需要一些脑力上的刺激，但是什么样的刺激才好呢？

如果出去工作，你就不能在儿子生命的最初几年里一直陪在他身边了。在你小的时候，你的母亲生下你之后就永远地告别了自己的工作。因为母亲一直都在，你才有了美好的童年，这就是你不想回去工作的一个原因吧。但是这样的生活真的是你想要的吗？

我们也不妨先看看别的选择。你也可以退出法律行业做一些全新的工作。你很喜欢摄影，在给乔纳森拍照的过程中，已经慢慢成为一个真正的摄影专家。这样的爱好可以成为你的事业吗？虽然你现在还不用想得那么清楚，但是如果真的决定这么做的话，你就需要在一个全新的领域接受训练。这看起来是一种精神上的享受，但是训练的过程也同样是昂贵的，甚至会和在律师事务所全职工作一样耗费心力。

你也可以做一些兼职的工作。这样你就不能在布里格斯和史密斯公司（*Briggs & Smith*）那样的地方工作了，因为虽然它们总是能从大型的国际客户那里拿到项目，但是许多项目都要求在严格的期限内完成，所以工作压力一定很大。你可以离开事务所，去那些客户的公司工作，这样工作压力会小一些，每周工作四天就可以了。你还可以考虑去一些专做小型项目的小事务所工作。

还有一个选择是在家继续照顾儿子两年，直到他可以上幼儿园为止。你可以找一些书来读，或者做一些项目，时常动动脑子。或者可以在他上幼儿园之前，做一些和法律无关的简单工作。

仔细权衡所有的这些备选方案之后，我觉得现在你还是不该回到原来的岗位上去，因为那份工作会耗费大量的时间和精力，到时候你恐怕连看一看儿子的时间都没有。你的确是想回去工作，虽然你深爱着乔纳森，但是你不想把全部的精力都投入到他身上，因为那样一来，他长大之后，你将变得一无所有。你最终还是要去工作的。

你在成为律师之前，接受了各方面的专业训练，也很享受作为领域内专家的感觉。因此，将来的工作不论是否和法律有关，只要能够发挥你的才智，你都会很喜欢。摄影虽然看起来很美，但是仍然不是你想要的工作，因为它的挑战性不高，也可能不能给你带来足够的收入。

现在看来，最好的办法是去一家小型事务所。这样工作不会太忙，而且每周只需上四天班。如果三个月以后，你发现自己不喜欢这份工作了，还可以再回到原来的岗位上去。因为原来的单位答应为你留职两年，所以再过三个月也是没有关系的，不是吗？

一切都很清楚了，现在就去网上看看小型律师事务所的招聘信息吧！

爱你的心灵教练：吉玛

既然吉玛利用的方法这么有效，你还在犹豫什么？这种方法一定正合你意。虽然你现在可能没有时间给自己写信，但是接下来的一周里，你一定能抽出 15 分钟时间来完成它，只需要一天中百分之一的时间。根据现在困扰你的一个问题，给自己写一封信吧，即便你现在还完全不清楚面对大量的可选择项该如何取舍，甚至你还没有找到可能的选择，你都可以试试看。写完之后，也许你就会有新的想法了。

有情绪就宣泄吧

人不能把情绪和自己完全分离开，面对失败和挫折时，没有人能够做到完全无动于衷。诸如悲伤、恐惧和愤怒这样的负面情绪，在我们的生活中也起到了重要的作用。想象一下，如果你在丧失爱人的时候无法表达悲痛，在危险出现的时候不会感到恐惧，在遭遇不公正待遇的时候不会感到愤怒，后果会如何呢？正因为有了这些负面情绪，我们才能被称为人，其他动物并不具备这种能力。负面情绪能够提醒我们哪些事情是错的，需要纠正。如果没有这样的情绪，人就会变成机器人或者是植物人了。

有时候你确实需要去感受自己情绪的沉重。在自己的房间里，把百叶窗放下，把窗帘拉好，好好地哭一场，号啕大哭也好，啜泣也好，让眼泪都流出来；或者在户外找一个没有人的地方，用尖叫把心中所有的情绪都发泄出来。在合适的时间感受情绪和释放情绪，对你的健康非常有帮助。

正如前面提到的那样，不论你现在的感觉有多难受，你依然可以更有效地管理情绪。很多例子证明，人的确可以应对艰难的情境。很多人在经历了绝症、爱人离世等极端的不幸之后，依然能够坚强地生活下去。他们没有一直沉浸在自己的伤痛之中，而是选择顽强地坚持下去。和那些选择自暴自弃的人一样，他们也会感到悲伤、痛苦和烦躁，唯一不同的是，即便如此，他们依然选择了坚持。

尽管感到痛苦，但他们依然采取了行动：制订计划，确定生活目标，摆脱情绪的困扰，然后继续经营自己的工作、生活和友谊。在行动的同时，他们也逐渐改变了自己的想法和感受。

如果他们能做到……

我有一个朋友叫莉安娜，今年27岁。几年前，她因为脚疼到医院就诊，医生告诉她诊断结果是癌症，在她的左脚内有一个肿瘤。忍受了一年痛苦的手术和放射治疗之后，她依然失去了自己的左脚。那一年，她才20岁。

她本可以就此自暴自弃，向每一个人抱怨命运的不公，从而换取他人的怜悯。但是她没有这样做，而是选择了坚强。她决心要组织一次慈善拍卖会，为麦克米兰癌症基金会筹集资金。为了完成这项工作，她说服了几个百万富翁，借到了他们的私人飞机；她说服了当地的企业，得到了拍卖会的拍品；她邀请了上百人来参与竞标。最终，她在一天之内就为基金会筹集了100 000英镑。

但是她从不满足于这些，依然努力为残障人士制作健身光盘。上次我见到她的时候，她刚刚和出版公司签订了出版自传的合同。她要用这本自传讲述自己作为一名年轻女子如何走出逆境取得成功的励志故事。

你也许不能决定发生在你身上的事情，但你至少可以决定如何应对它们。

当你身处逆境时，STRAIN六问是非常有用的应对技巧；当你找不到办法时，给自己写信也会很有帮助。但是有时候，你想要的并不是找到办法解决问题，而只是想让自己好受一点，那该怎么办呢？

在被情人抛弃、生病、被解雇一段时间之后，你也许已经放下了所有过往，开始自己的新生活了。但是你仍然会感到沮丧、害怕、羞耻、内疚甚至愤怒，这些情绪甚至会强烈到让你无法忍受的地步。如果真的是这样，你可以采取下面的技巧来让自己迅速恢复好心情。与其让自己成为情绪的奴隶，还不如让自己好过些。

自信力助推器：宣泄负面情绪

挑战等级：中级（完成这个练习在三天内总共需要 45 分钟，即每天至少需要 15 分钟。时间并不长，但是很多人发现他们继续写作的时间要长得多。这个练习的挑战并不在于你需要多长时间来完成，而在于当你开始这个练习时会感到非常艰难）。

通过书写来表达，是减轻负面情绪带来的负担的强有力方法。这不是在寻找解决问题的办法，只是想尽快让你舒服一点而已。为了达到最好的效果，你最好连续三至五天每天都坚持写半个小时左右。

找一个合适的地方，保证自己在半个小时之内不会被打扰，然后用 15~20 分钟写下（或打出）自己的感受。注意，仅仅是描述感受而已，而不是寻找解决问题的办法。你至少应该写出以下两方面的内容：

☺ *影响你的痛苦经历和情绪；*

☺ *你对将来生活有什么样的愿景和目标（第 5 章的内容可能对此有帮助）。*

207

　　将自己完全放开，去探索内心最深处的情感和想法。你做这个练习不是给别人看的，只是给自己看的，所以，不论你的感受和想法是什么，都要诚实地写下来。不要在意句式、语法和错别字，唯一的规则就是至少要写 15 分钟，如果时间到了你还想写，当然也没有问题。

　　同时，最好单独找一张纸，或者在计算机上新建一个文件，不要用你平常用的日记本。写完之后把它装进一个密封的盒子或者信封里，象征着你就此远离了那些令人痛苦的经历和情绪。

　　最后还要提醒你的是，在你刚刚写完自己的感受时，你很可能会更难受。研究表明，通过书写来表达情绪的作用要到一两天之后才能发挥出来。所以写完之后，你最好再花 10 分钟时间来做一做"三件好事"的练习（参考前文中的"自信力助推器：培养你的乐观精神"），通过关注那些让你感激的事情来平复心情。另外还要记得这个技术要坚持三至五天才能取得最好的效果。

　　研究发现，写感受可以帮助人们迅速而有效地应对困境，不论是离婚、遭受虐待还是失业，表达出自己最悲痛体验的人不仅血压较低，也更少生病。换句话说，写感受不仅仅能提升我们心理上的幸福感，也能提升我们的健康水平。

　　不论你现在有多痛苦，你都可以选择自己接下来的行动。你可以选择让自己被环境控制，成为情绪的奴隶，也可以选择行动，继续前进，哪怕只是简单地把自己的感受写下来而已。那么，你到底会如何选择呢？

自信力小贴士

每记住一点，就打一个勾吧！

☺ 挫折是我们走向成功不可或缺的垫脚石。自信的人也会被打倒，但是他们会一次又一次地站起来。□

☺ 负面情绪是人类特有的体验中至关重要的一部分。"战斗—逃跑—僵硬"反应对我们的生命安全起到了重要的保护作用。□

☺ 处于压力之下时，我们容易丧失理智而变得情绪化。这时我们需要放慢节奏，才能更好地做出决定，STRAIN 六问能帮我们给自己一个冷静的时间。□

☺ 把你的境遇和情绪写下来，能帮你找到出路并且感觉更舒服。当你把想法从脑海中提取出来并写在纸上时，事情就变得和原来不一样了。这样做的确很有效。□

☺ 要记住你永远都有选择的权利，即便你不能控制周围的环境，你仍然可以选择自己的反应。应对挫折、摆脱颓废状态的最好办法就是行动起来。行动起来你就会感觉更好，不要等到自己感觉好了才采取行动。□

☺ 最后也是最重要的一点，你越早采取行动来改变环境，就能越快地恢复状态。□

罗布·杨教授

突然被提拔了，你会怎么想？

? 那么多人竞争一个岗位，我却被提拔，一定是我很幸运。

罗布·杨教授

除了运气，你觉得还可能是因为什么？

? 或许是其他竞争者出现了失误。

罗布·杨教授

也许再自信一点，你就不会这么想了。

第 8 章
踏上通往自信的征途

如果你不知道自己要去哪里，那么你多半会走到别处去。

——劳伦斯·丁·彼得，教育家

建立自信的长征之旅结束在即，至此你差不多可以应对所有你想应对的挑战了。如果再加上一点点技巧和努力，那就更完美了。

本章是本书第一部分的最后一章，在此你将学会如何审视自己朝向目标所取得的进步，进而明白为什么庆祝阶段性的成长是实现自信未来必不可少的一步。

每天让自信多一点

虽然你已经有了关于未来的愿景，也知道了自己想实现的目标，但有时你还是会因为太忙而没有时间来为自己的愿景和目标付出努力。然而，每天早上醒来之后，简单想想自己在接下来的一天中想要保持什么样的精神状态，从而让你更从容更自信。接下来的这个自信力助推器环节将告诉你如何做，而且一分钟之内就能完成。

自信力助推器：积极的态度需要规划

挑战等级：初级（这是一种很简单却很强大的技术。你只需要投入少量时间，就能获得令自己惊喜的回报）。

一早醒来，先回想一下自己关于生活有什么愿景和目标，然后再想一想，怎样的态度或精神状态是与自己的愿景、目标相一致的。这样能使你在接下来的一天中，始终保持积极、自信的感觉。以下列语句为例。

"我将以冷静的态度应对眼前的状况。"

"我将微笑着和每一个见面的人打招呼。"

"我会先倾听别人的谈话，再发表自己的意见。"

"我可以稍微纵容自己一下。"

"我会先指出别人观点中的长处，再说出其他意见。"

"我今天将勇敢地把握住一次机遇。"

这些其实不是一厢情愿的想法，虽然看起来很不起眼，但却对保持乐观态度有着积极的意义，能够巧妙地鼓励你重新看待机遇和境遇。切勿落入消极想法或坏习惯的圈套中，我们应该清醒地做出抉择，以一种积极、自信的态度面对生活。

手握人生的方向盘

创造一个自信的未来并不是一劳永逸的事。在通往自信的路途中，你需要时刻了解自己的表现如何。如果你的所作所为正在接近目标，那么不妨恭喜自己并继续前行。如果遇到了绊脚石，那么你可以重新寻找其他途径来让自己回归正轨。

一个使自己一直处在正轨上的好办法，就是用写日记的方式记录自己所取得的点滴进步。不必写太多，每一两天写几句要点，或者每周写几段话足矣。记录和跟踪自己的成长轨迹，可以让你通过回顾自己过去的经历和感觉看清自己究竟取得了多少进步，并使自己始终保持着前进的动力。

运动教练、商业顾问和生活教练都会借助各种各样的方法来帮助人们丈量自己走过的路，评判前进的方向是否正确。我在帮助人们检验自己是否做得足够好，或者是否需要调整自己的努力方向时，喜欢用 GROAN 模型。

自信力助推器：GROAN 模型助你一臂之力

挑战等级：中级（你可以在进行大概 10 ~ 15 分钟的练习后停下来，客观地思考你的情况。另一种有效的方式是与朋友分享 GROAN 问题，并大声地说出你对这个问题的回答）。

GROAN 模型是我创造出来的。它由目标（Goals）、结果（Reality）、选择（Options）、预期（Anticipation），以及下一步计划（Next Steps）五个单词的首字母构成。对于小到减肥问题，大到经理人提高业绩问题，都有很好的效果。该模型包括下面五个步骤。

☺ 目标（*Goals*）。首先，提醒自己目标是什么。再花一点时间想象一下自己已经达成了目标，重温达成目标的重要意义。

☺ 现实（*Reality*）。问问自己已经取得了多少进步。请诚实地面对这一问题。不论你是达成了 70%、50% 还是 15% 的目标，都要一五一十地回答。

☺ 选择（*Options*）。想一想自己有哪些选择可以

214

缩短现状与目标之间的距离。哪怕你目前的方向正确，也要问问自己是否还需要继续如此努力下去。你到底应该继续保持现状，调整自己，还是重新选择另一条道路？

☺预期（*Anticipation*）。预见不远的将来。为了确保自己可以一直进步下去，你必须预见到将来会遇到哪些可能会对自己的自信造成挑战的障碍，以及怎样才能避开这些障碍。

☺下一步计划（*Next steps*）。确保自己已经决定好接下来要做哪些事情了。在接下来的几天或是几周里，你的具体安排是什么？什么时候完成？拖延是不明智的，顺其自然更不是明智之举。所以，你要对自己承诺一定会采取行动并坚持到底。

> 人生是一系列的结果。有时结果是你想要的，这很好，弄清楚你做了什么才导致这样的结果；有时结果是你不想要的，这也很好，弄清楚你做了什么导致了这样的结果，下次不要再犯同样的错误。
>
> ——西蒙娜·卡鲁斯，心理学家

你可以自行决定每隔多久评估一下自己的进步状况。如果你想深刻地评估自己每天是如何实践本书技巧的，那么请务必每天都跟着 GROAN 模型练习一遍。例如，你现在考虑的首要事情是获得一份新的工作，那么记录一下自己每天投出去的简历数目不失为一个好方法。如果你的目标更长远，那么每周或每隔几周评估一次自己取得的进步也无妨。每天称体重看自己轻了多少的做法是没什么用处的，因为体重不可能每天都下降。事实上，几周过去之后体重才会有比较大的变化。当然，你是一个明智的人，你一定能找到评估自己进步状况的合适频率，但是不能太频繁。

如果他们能做到……

妮拉 23 岁，自从她懂事以来，就有和陌生人交谈的困难。她曾经不止一次被同事或朋友的朋友认为是一个冷淡甚至冷漠的人。她给自己定下了扩大朋友圈的目标，并且成功地在工作场合认识了一些新的朋友。但是，现在她因为不知道如何交到一些工作场合之外的朋友而感到烦恼。于是，她通过 GROAN 模型找出了接下来要做的事情。

目标。我的目标是认识一群新朋友（包括工作上的和工作外的朋友），可以和他们共度闲暇时光，并且偶尔请他们帮帮忙。对自己的社交生活感到快乐将是一件很美好的事。

现实。我已经在工作领域交朋友方面取得了进步，但我还没有交到一个工作之外的新朋友。我邀请人们来我家聚餐，但还没有收到任何回请。我不太喜欢参加聚会，而且参加聚会时，我只和认识的人说话。当然，我知道我不属于闪耀全场的那类人，所以聚餐、聚会这类活动并不适合我。

选择。我应该问一问我的朋友（对于我的这个问题）是怎么想的。我曾经告诉过安东尼和帕特里夏，我是多么希望能拥有更多的朋友，所以，也许他们能给我提供一些建议。在街上和遇到的陌生人说话这样的事情，我相信自己肯定也可以做到。这一点贝思总是做得很好，但是就目前而言，这超出了我的适应范围。我还可以加入一些俱乐部或者社区组织，成为其中的一员。

预期。我猜，最大的障碍其实是我自己。我知道自己需要做什么，而且没有人在拦着我实现上述选择。

下一步计划。我明天会跟安东尼交流一下，等帕特里夏下周度假回来，我再和他讨论，问问他们有什么建议。另外，这周末我还会上网查查看有什么适合我参与的舞蹈班或者晚间学习班。

生活有起有落，你却始终在进步

有的时候，你会听到人们说"我只是个普通人而已"。他们这么说有他们的理由，毕竟大家都不是机器人，谁都会跌倒、倒退、犯错误，偶尔还会禁不住诱惑。今天我们取得了进步，明天可能又退步了。因此，日子总是时好时坏。

有些正努力建立自信的人认为成果会来得迅速、轻松，但事实并非如此。在建立自信的过程中，也会有没有任何进展，甚至倒退的时光。

在追求愿景和目标的旅途上，一定会出现障碍。有时你会遇到绊脚石或者走错方向，因此不得不原路返回，之后再继续前行。有时你进步得非常慢，好像遇到了瓶颈，让你觉得自己已经停滞不前了。但这些都是正常的，也在意料之中。这时，你只需想想自己这一路走来的成长，而不要过分在乎当下的自己是在进步还是在退步。

我的一位来访者从事的是广告生意。好的时候，一个月她能争取到四五个客户，而有时却一个客户都没有。但是，如果拿她这一年的业绩和上一年的业绩相比，就会发现业绩其实已经有了大幅度的提高。她需要做的其实只是时不时提醒一下自己，告诉自己："你已经算一个了不起的大亨了！"

我们所有人在小的时候都经历过这般有起有落的日子。

婴儿总是努力想要学会走路，不再一步一摇晃，但真正能够用自己的双脚站稳都需要花上几周甚至几个月的时间。我们大人并不会因为婴儿没能一次就站起来而批评他们，所以当你偶尔像婴儿一样"跌倒"的时候，也请原谅自己。

从长远角度讲，无论如何你都应追求卓越，但同时还要允许自己在短期内的差强人意。你或许想成为一名杰出的演讲家，让成千上万的观众折服于你的举止、风趣和才智。这个目标很好，但是这样的愿望不可能在一夜之间实现。同时，你也不可因为演讲中一点点的失误而谴责自己，而应继续努力改进，不可对失误置之不理。

考虑到你目前的心理状态和个人资源，你已经在努力成为最好的自己了，所以不妨让自己休息一下，别太紧张，做一回自己的知己。你要支持和肯定自己的努力，并适时庆祝自己已经取得的成果，而不是一味地专注在自己还没有达到的目标或缺陷上，因为当你蓦然回首时，你会发现自己其实已走过了很远的路。

离自信更近一点

经过一段时间（例如 3 个月或者 6 个月）的练习后，你可以回顾第 I 章的那些测验。如果你非常勤勉地应用了本书提及的自信力助推器，并完成了书中的练习（你是真正的完成了练习，而不只是在大脑中想一想），那么你绝对会发现你的自信水平有明显的提高。

无论成绩大小，都值得庆祝

达成目标可以形成习惯。一旦你能看到自己的进步，你就会想要取得更大的进步。目标达成得越多，你就会越自信。你越自信，反过来就想要达成更多的目标。尝到成功的甜头会让你发现自己其实渴求更多的成就，从而更努力地想办法达成目标，收获更多。

然而，科学家告诉我们，培养上述这种有关自信的循环关系需要我们通过主观努力来维持。他们通过对大脑进行扫描发现，人们在想象或经历着短期回报而不是长期回报时，大脑负责产生兴奋感的区域就会被激活。因此，如果目标太过长远，你就无法真正为此感到兴奋。不妨在通往成功路上的每一个小小里程碑处为自己庆祝一下，而不是等到几个月甚至很多年后，达成最终目标时才为自己庆祝。为了保持前进的动力，你必须相信自己确实取得了一些成就，感谢自己在达成目标过程中投入了心血，因为只有清晰地意识到自己的天资、技能和努力，你的自信心才能获得最大程度的提升。

为自己的成就庆祝这一步骤是不可或缺的。事实上，马丁·塞利格曼以及他在宾夕法尼亚大学的心理学家团队已经证明，如果你没有真心地为自己达成的目标庆祝，你就可能会逐渐丧失自信。不注意关注自己已经达成的目标，并为自己的成就庆祝，你的思想就可能会陷入一种消极的思考模式，进而相信成功只是因为运气好而非自己付出了努力。关于成功，有一种积极的想法和一种消极的想法，现在就对比一下吧！

关于成功的积极观点 VS 消极观点

积极观点	消极观点
"这份工作是我应得的，因为我之前做了研究和演练。"	"我得到这份工作只是因为没有比我更好的应聘者而已。"
"我和来访者建立了融洽的关系，并且拉近了彼此之间的距离。"	"我和来访者关系融洽是因为我的同事做了许多辅助工作，才帮我拉近了和来访者的关系。"
"我把一件事完成得非常好。"	"我其实可以把这件事做得更好。"
"我通过自己的努力获得了升迁。"	"我获得升迁是因为我运气好。"
"我花了很多时间复习考试，所以考试通过了。"	"那个出考题的人当时肯定心情不错，所以我才通过了考试。"

所思、所感、所为之间的循环关系也会悄无声息地影响我们。如果你对自己说达成目标其实没有什么大不了的，或者告诉朋友这真的没什么，之后你就会渐渐相信事实就是这么回事。因为不想表现得傲慢而自嘲，并开玩笑式地贬损自己，其实就是在伤害你的自信心。虽然这是一个比较缓慢的过程，但最终都会以损害你的自我肯定能力而告终。所以，千万不要这么做！

何不找到一个寻找自身成就和为自己庆祝的方法呢？不论这个成就是你投入了好几个月的时间才完成的宏伟目

标，还是你每天早上起床后给自己设立的小目标，都要给自己一个表扬。

自信力行动派

现在想一想，在美好的一天结束时，你可以用什么样的小小鼓励来犒劳自己？记下至少三个你可以用来犒劳自己的礼物或者活动。

自信力助推器：自信也要锦上添花

挑战等级：初级（这种技术很直接，能促使你获得自信）。

为自己的成就庆祝并不意味着一定要花钱，更重要的是针对成就感激自己。有些人认为感激、恭喜自己比让别人感激、恭喜自己更容易。如果你对此感到困惑，那么可以尝试下面这两个技巧。

写下自己关于达成目标的感受，哪怕只是在临睡觉之前，记录并总结这一天的成就。这样做有助睡眠。如果你一直在坚持记第 6 章提到的成就列表，那么不妨也把关于达成目标的感受加到成就列表里去。

最后的一点提醒

　　成就一个出色、自信的自己并不是什么难事。虽然本书提及的自信力培养方法是以许多科学研究为基础的，而且全世界有许多心理学家都曾把本书提及的练习和技巧在成千上万的人身上试验过，但这些工具、练习和技巧都不难理解。

　　成就自信未来的真正挑战并不在于读懂这本书，而在于使用这本书，这个道理毋庸赘述。只要你完成书中提及的练习，并使用其中的技巧，就没有什么可以阻挡你取得进步了。只是通读本书，点头称是并觉得自己获得了知识是远远不够的。不论是我提及的科学家所做的研究还是其他科学研究成果均表明，那些没有动手写一写，而只是在脑子里过一遍书中提及的练习和技巧的人，都是在自欺欺人，而且收效甚微。你在本书中有多少投入，就有多少收获。只有行动可以带来成功，只是动动脑筋却不行。

　　本书中"行动起来"的练习可以为你成就自信人生奠定坚实的基础。下面列出了 10 项练习，你都完成了吗？请在你完成的项目右边打钩，每打一个钩就意味着你在前往自信人生的道路上迈出了一大步。

"行动起来"练习题	√
1. CAT 扫描让消极观念无处躲藏（见本书第 44 页）	
2. 记录你的担忧（见本书第 58 页）	

3. 见贤思齐（见本书第 97 页）	
4. 为成功打扮起来（见本书第 103 页）	
5. 说出你的优势（见本书第 121 页）	
6. 制定一系列目标（见本书第 124 页）	
7. 揭开价值观的"神秘面纱"（见本书第 130 页）	
8. 重新定义你的价值（见本书第 133 页）	
9. 你真正想要的是什么（见本书第 144 页）	
10. 开发你的自信源泉（见本书第 163 页）	
11. 交友需谨慎（见本书第 169 页）	
12. 你有过哪些成就（见本书第 174 页）	

有时候，我收到本书第 1 版的读者的电子邮件，说这本书对他们没有作用。当我问他们如何处理本书的练习时，他们经常回答说："我没有时间练习啊！"所以你要记住，只是简单地阅读这些练习，并不能让你变得更自信，你必须行动起来才行！

如果上述 12 个练习项目可以帮你奠定自信的基石，那么，本书中的 21 个自信力助推器就是让你变自信的坚实支柱。但是每一个读者都是独一无二的，所以哪一个自信力助推器对你有用也就因人而异了。比如，别人觉得很有趣的东西你可能觉得无趣，很多人都觉得某一部电影、某一档电视节目或者某个喜剧演员很滑稽，也不意味着你看了之后也会哈哈大笑。自信力助推器也是如此。所以，不妨每一个助推器都使用几次，然后看看哪些对你最有效。你或许还会发现其中有的非常有帮助，而有的则根本不起作用呢！

本书的一些技巧对你的私人生活或许非常有帮助，而另外一些技巧则对你的职场生活最有效；一些技巧在你面临挑战时特别有用，而其他一些技巧则更适合在你应对挑战之前的准确阶段使用，另一些则在挑战过后更能发挥作用；一些技巧在你独自一人的时候用起来更舒服，而另外一些则更适合在公开场合使用，比如在聚会上或者在敞开式的办公室中使用。或许你是一个更喜欢使用文字而不是发挥想象力的人，或者刚好相反，所以在使用自信力助推器的时候要留意一下，它们在什么情况下能够真正在你身上发挥作用。

自信力助推器	在什么情况下对你有用
1. 打造属于你的 CATs	
2. 用 FACADe 技巧揭开想法"真面目"	
3. 探寻所有可能性	
4. 安排特定时间来处理担忧	
5. 尽力去做	
6. 培养你的乐观精神	
7. 把人生想象成一部属于自己的电影	
8. 腹式呼吸，即学即用	
9. 接受你的情绪	
10. 认知解离	
11. 用 ABCD 法打造平静生活	
12. 正念疗法	

13. 肌肉放松法	
14. 发声韵律操	
15. 摆脱拖延陋习	
16. 焦虑六问（STRAIN）	
17. 做自己的教练	
18. 宣泄负面情绪	
19. 积极的态度需要规划	
20. GROAN 模型助你一臂之力	
21. 自信也要锦上添花	

　　使用上述这些自信力助推器，你可以应对生活中遇到的任何障碍。所以，以后遇到要尝试全新事情的机会时，为什么不试一试这些自信力助推器呢？你不会因此有什么损失的，而且有可能收获颇丰。

　　现在你已经拥有了所有构筑自信生活的资源。如果你每天都坚持行动，你一定会变得更自信。别奢望行动之前就能感觉到更自信，而是要通过行动让自己变得更自信。也别乞求周遭环境会自动改善或者你的运气会突然变好。你应该主动改善你的周遭环境，扭转自己的运气。认真考虑什么是自己真正想要的东西，并通过行动实现它们吧！

自信力小贴士

每记住一点，就打一个勾吧！

☺ 不定期地使用 GROAN 技巧，并看看哪些技巧能真正对你发挥作用。□

☺当回顾自己取得的进步时，不要打击自己，而是多给自己一点鼓励。你不会因为朋友的错误而批评他们。同样，当你稍有退步时，也没有必要跟自己过不去。□

☺接受不是每天都会进步这个事实。只要坚持，突然有一天，你就会发现自己其实已经有了很大的进步。□

☺要有意识地去发现自己的阶段性成就，并为自己庆祝。如果不能及时给自己一些积极的反馈，而把成就认为是理所当然，那只会削弱你新建立起来的自信。□

☺当你实践了本书的练习和技巧时，请标记出来。一定记住，只是阅读和理解书中的练习和技巧与真正实践它们的效果是完全不同的！□

自信力助推器

C8坚持开创未来
- 积极的态度需要规划 — 一天一天来
  - 冷静的态度应对眼前的状况
  - 微笑着和每个见到的人打招呼
  - 先听，再发表意见
  - 稍微纵容一下自己
  - 先指出别人观点中的长处，再发表其他意见
  - 勇敢接受一次机遇
- 五步法 — GROAN模型
  - 目标（Goals）
  - 现实（Reality）
  - 选择（Options）
  - 预期（Anticipation）
  - 制订计划（Next steps）
- 自信也要锦上添花
  - 写下自己关于达成目标的感受

C2思维习惯和信念
- 加强正面激励 — 打造属于你的CATs
  - CATs 能力确认型思维
  - 不同场景所使用的CATs不同
  - 写下一些CATs，完成任务中不断提醒自己
  - 诸如"加油，我能行"
- 将你的观念归类 — FACADe五步法
  - 感受（Feeling）
  - 行动（Action）
  - 情形（Circumstance）
  - ANTs（Automatic negative thoughts）
  - 漏洞（Defects）
- 头脑风暴 — 一切皆有可能
  - 写出3~6个消极观念的替代性解释
    - ①还可以如何解释当前的情形
    - ②哪些经历可以解释当前处境
    - ③你会鼓励朋友这样思考问题吗
    - ④若朋友遇此类情况，你会对他说什么
- 特定时间 — 化解担扰
  - 将我们的担忧分成三类
  - 糟糕的事情
  - 最好的事情
  - 中间事件
- 尽力去做 — 搁置担忧而去做该做的事
- 聚焦精彩生活 — 培养你的乐观精神
  - 每晚写三件让你欣慰的事
- 拍一部自传 — 电影画面助力
  - ①想一想最需要自信的场景
  - ②想象自己的穿着和神情
  - ③加入一些别的感觉
  - ④情节如愿进行
  - ⑤给电影注入情感

C7心理弹性
- 焦虑六问（STRAIN）
  - 程度（Scale）
  - 时间（Time）
  - 反应（Response）
  - 行动（Action）
  - 启示（Implications）
  - 积极的想法（Nourishing thought）
- 给自己写封信 — 做自己的教练
  - 明确当前的问题或困境
  - 列举可能的选择
  - 权衡利弊
  - 向前一小步

C5设定自信目标
- 书写最有效 — 宣泄负面情绪
  - 时间控制
    - 半小时内不被打扰
    - 15~20分钟内写下自己的感受
  - 内容控制
    - 影响你的痛苦经历和情绪时间
    - 对将来生活的愿景和目标
    - 再做一个"三件好事"的练习
- 破除拖延陋习
  - 用小技巧给自己施加压力
  - 写出下列问题的答案
  - 按顺序提问
    - 现在开始行动的好处是什么
    - 把这事留到以后的弊端是什么
    - 现在不做的借口是什么
    - 你会因此失去什么
    - 现在开始行动会带来什么回报

C4调用自身资源
- 肌肉放松法 — 四步法
  - 配合腹式呼吸效果更佳
  - 在家练习，直到熟练得可不分场合
- 发声的律操 — 英式
  - "Puh buh"
  - "Kuh guh"
  - "Tuh duh"

C3行为
- 腹式呼吸 — 即学即用
  - 放松时练习并养成习惯
- 接受你的情绪
  - 我能处理好我的情绪
  - 没什么大不了
  - 将注意力集中在工作上
- 认知解离
  - 我能超越我的感受
  - 将情绪和想法外化
  - 运用心理图像
- 调节情绪 — ABCD法
  - 承认你的感受
  - 调节呼吸
  - 轻声笑
  - 做一些积极的事
- 强调体验当下 — 正念疗法
  - 训练之前要放松
  - 感受呼吸
  - 远离内心的声音
  - 想象一个画面：黑夜、路灯、街道……
  - 把念头当作驶过的汽车

第二部分

生活处处皆自信

➡️ 揭开自信力的神秘面纱

第 9 章
演讲中的自信力

　　研究表明，害怕公开演讲的人比害怕蛇、蜘蛛和坐飞机的人加起来还要多！我过去也是这群人中的一个。我甚至因为害怕在公开场合做演讲而感到身体不适，肚子里不停地翻腾着，感觉自己快要吐了。但是经过训练，我克服了这种紧张感，现在已经能够非常顺利地做演讲了（我还曾受邀前往各类学院、大学和各大公司等机构做演讲），而且忙得不亦乐乎。

　　人们演讲时缺乏信心的主要原因是没有做好充足的准备，但是你首先要知道应该怎样准备。不论你是因为获得了某种荣誉而需要致辞，还是要向同事们讲解一个项目的最新信息，抑或要用一次精彩的演讲来赢得新客户，只要完成下面这十个步骤，你就可以提升自己面对公众演讲时的信心，变得更加出色。

了解与演讲相关的所有信息

　　你要根据听众的要求来呈现内容。

　　听众是谁？ 如果你受邀给"高级经理们"做一次简短的报告，你就一定要知道这些经理是你们部门的少数几位高级经理，还是整个欧洲地区的237位高级经理，关于此事不可主观臆断。你越是了解他们，你准备得就越好。

　　你的演讲时间有多长？ 不要让别人用一些模糊的说明把你打发了，譬如"就几句话，随便你说什么都行"，而是要对自己何时该结束做到心里有数。

听众想听的是什么？ 婚礼上的客人不会想听一整夜的长篇大论，因为他们也许更喜欢你讲得简单些，这样就可以再回到庆典活动中了。如果演讲的主题是关于工作的，要先把握观众是来听什么的，要明白他们是想获得信息、找到灵感，还是二者兼而有之。

应该用哪种演讲风格？ 如果你是在生日聚会上发言，那么你应该对亲密的朋友说一些玩笑话吗？还是要考虑到年长的祖父母和年幼的孩子而注意措辞呢？为客户做演讲时，你的口吻应该专业、正式一些，还是友好、随意一些呢？

演讲在哪里进行？ 演讲的地点不同，演讲效果也会不同。如果你要在别人家的后院帐篷里进行演讲，你就要考虑是不是还需要一个麦克风，或者仅凭自己的嗓音就能让200多位客人都听得到。如果是在会议上发言，你是否需要电脑和投影仪？还是觉得除了麦克风以外什么都不用也可以吸引观众的注意力？

千万不要害怕对自己提问题。对自己需要演讲的内容具有清晰的把握，要比因为害怕提问而使演讲让大家失望好得多。

投入热情

接下来，你想讲点什么呢？粗略记下你的想法，进行

233

一次一个人的头脑风暴。头脑中一旦浮现出想要谈论的主题、人物，就用几个单词或短语记下来。不要挑挑拣拣，把它们都记下来，因为一个单纯的想法也许就能引发绝妙的灵感。

捕捉想法用的时间越长，你就会感觉越好。当你在纸上写下自己的想法时，你就会从中找到该如何将它们整合在一起的方法和主题，尽管这需要费点时间。收集想法、观点、疑问、网站、引述、案例、图表、图片、逸事等，本身就很有意思。思考和阅读的范围越广，你就越有可能文思泉涌。

最好的演讲往往以个人的观点和态度为基础，因为观众更喜欢那些发自肺腑的演讲。所以最好的演讲素材来源还是你自己。做演讲或报告之前，你或许已经非常了解自己需要谈论的内容了，比如新娘与新郎、社区住房项目、故去的深爱之人、客户提案或者其他任何相关的事情。那么，现在就利用下面的问题为你的演讲设计一个独特的开头吧！

☺关于这个主题，你有什么个人经历？

☺关于这个主题，什么地方让你感到挫败？

☺你喜欢这个主题的哪些方面？

☺关于这个主题，你听说过的最怪异 / 最悲伤 / 最有趣 / 最愚蠢的事情是什么？

☺关于这个主题，你的祖父母或你五岁的孩子（假设你有）是怎么想的？

讲一讲自己在六岁时认为婚姻是怎样的，以此来开始你的演讲也许会非常有趣。或者你也可以在演讲开始的时候告诉听众，你的祖母会如何理解你们公司的财务紧张问题。

巧妙构思演讲结构

有了例子、想法和轶事可以谈论之后，你还需要将它们按顺序组合起来，这样可以帮助观众理解。就好像别人向你展示 H、E、P、S、E、C 这几个字母时，你可能无法理解，但如果按 S、P、E、E、C、H 这样的顺序向你展示，那就不会有理解问题了。所以不妨按照下列方式来安排自己的演讲顺序。

时间顺序。按照过去发生了什么，现在正在发生什么，将来可能会发生什么的顺序进行谈论。时间顺序简单直接，这样你就不会在谈论中漏掉什么了。

利用首字母缩写。这种方法可以为你提供一种结构，以免演讲成为想法的堆砌。比如 SWOT（下列四个英文单词的首字母缩写），这是一个描述优势（Strengths）、劣势（Weaknesses）、机遇（Opportunities）和威胁（Threats）的流行词汇。为什么你不能自己创造一个类似的呢？比如，演讲时你可以说："我将通过 SURE 模型来向大家说明，即问题的情况（Scale）、紧急性（Urgency）、应对方

235

法（Response）和诱因（Eliciting）。"或者利用 FEAR 这个我刚自创的词来展开话题，比如"我将谈论这个项目的可行性（Feasibility），我们如何分配（Engage）员工，我们将采取哪些行动（Action），还有我们必须进行的消费者调查（Research）。"就像这样去创造你自己的记忆方法吧。

先理论后实际。以理论开始，然后描述实际。比如，"理论上，婚姻就是你发现了自己喜爱的人，然后求婚，而我要告诉大家的是实际发生在约翰和劳拉身上的可怕真相！"

先问题后方法。以一个问题开始，然后把听众引导到解决问题的方法上。比如，"我要描述一下引发我们财务担忧的三个问题，然后讨论每一个可能的解决方案。"

不要忘记使用可视化的辅助工具。让人们在听的同时可以有一些看的东西，这样能够很好地缓解听众带给你的压力并且能够提醒你接下来该说什么。视觉上的辅助工具可以大胆一些或保守一些，随你的喜好来选择。你可以突然拿出一张 18 个月大的小男孩或小女孩过生日的海报照片，引起一连串的笑声，也可以挥舞着公司年度报告的副本，谈论团队当前所面临的压力。

开头有介绍，结尾有总结

关于如何做报告有一个著名的说法："告诉他们你将要告诉他们什么，然后告诉他们，最后再告诉他们一遍你已经告诉了他们一些什么事情。"换言之，就是演讲要以一个简短的介绍来开始，对要点做一个概述；在报告的主体部分，更深层次地讨论这些要点；最后，还应该用一个结论来总结主要观点。

开头介绍部分尤其重要，因为第一印象很关键，所以你说的第一句话就很重要。当我在公司做报告技巧培训时，我常建议听课的人至少要牢记自己报告中最初几分钟所说的内容，这样你就能在关键的头几分钟内流畅而自信地演讲了。

练习、练习、再练习

心理学家认为，人们在练习演讲时既要学会"输出"，也要学会"输入"。安静地坐下来读一读自己的笔记，把演讲内容录入大脑（输入）。与此同时，大声地把演讲内容讲出来（输出），这样你就知道如何自如地从大脑中提取信息了。

但是，我并不是在说你要用大吼大叫的方法。虽然有人认为熟能生巧，但我并不这么认为，因为只有完美地进行练习，才能让你在重要的日子里有完美的表现。如果真实的演讲要站着进行，那就站着练习。如果要用幻灯片，练习时也要放映出来。大声地排练预演，保持适当的音量，就像你正面对着满座的观众那样，并且演讲的声音要缓慢

237

而低沉（详见第 4 章"声音为你增添自信的魅力"）。

　　演讲时在多大程度上使用笔记取决于你自己。必要时，你也可以照笔记朗读，毕竟很多著名的商业领袖和政要有时都会通过朗读来做演讲。但是朗读也要多练习，尽可能不要逐字逐句地照搬原文。如果你只是偶尔看一眼，同时能够与观众保持目光交流，那么你看起来还是很了解自己的讲话内容的。如果你能把笔记精简到几个关键点，一张纸就写得下，那就更好了。每进行一次演讲，你就会学到更多的东西，并且减少一点对笔记的依赖。想要表现好，就一定要多练习。想要表现得非常出色，那就更要多加练习了。

"负重" 训练

　　为了从练习中收获更多成长，我建议你在一位真实的听众面前至少排练一两次。而对于场面盛大的重要报告，你就需要召集一些同事或朋友来一起听你的演讲。即使你的听众只有一个人，例如只是和你住在一起的室友、一位朋友或者同事，你也能受益匪浅。他们是否了解你演讲的内容并不重要，关键是你要在真实的听众面前演练。这样可以帮助你在演讲时养成仔细检查的习惯，避免在正式演讲那天出现失误。

　　相信我，在真实的听众面前大声练习演讲，会让你在真实的环境下放松许多。

用 RISE 法检查演讲内容

当你排练演讲或报告时，也许会发现自己会稍稍调整想说的内容，因为有时我们认为听起来有趣或者印象深刻的东西，被大声说出来时的效果反倒没那么好了。当我在教报告技巧的课程时认为，我发现 RISE（是 Relevance、Insight、Stories 和 Enthusiasm 四个英文单词的首字母缩写）法或许是检验演讲内容的最佳方法。

关联性（Relevance）。确保你要分享的这些事实、信息、感受和看法，都与你面对的这些特定听众有关。出色的演讲者一定会确保自己的演讲内容能够精确地与每个听众的兴趣和需要相吻合。

洞察力（Insight）。如果你只要听众记住一个关键信息，那么它会是什么？有时我们的演讲是在用大量的信息"轰炸"着听众，所以你要非常明确自己想要传递的最重要的领悟和见解是什么。

故事（Stories）。最好的演讲会使用故事、轶事和人物事例来使内容具有生活气息。因此，我建议你在演讲中每隔 10 ～ 15 分钟就讲一个故事，这样可以保持听众的兴趣。

热情（Enthusiasm）。报告或演讲并不仅仅是在传递事实。如果人们只是需要事实，那么你可以把想讲的内容做

239

成讲义，发给他们复印件就可以了。所以，当你练习演讲时，要确保你展现出了对演讲主题的兴趣和热忱。

不打无准备之仗

如果重要时刻出了差错，一定会影响你的信心。所以事先考虑周到是非常值得的。为了确保演讲顺利进行，你需要考虑下列问题。

☺ 你知道做报告的具体地址吗？你知道怎么去那里吗？不要气喘吁吁地赶到现场，不然会显得你很狼狈，尤其是还要全速前进爬三层楼才能找到房间更是让人忙乱！

☺ 你对现场的视听设备还满意吗？你知道如何使用麦克风、手提电脑、幻灯片放映机这些东西吗？如果这些设备坏了，谁能帮你修理呢？

☺ 在中间休息的时候，你能找到卫生间吗？

☺ 如果你口渴了能找到水喝吗？

放松心情，保持最佳状态

即使我们很了解自己手中的材料，我们头脑中那个讨人厌的批评声仍然会折磨我们。下面四种增强自信力的方法对于缓解演讲前逐渐加剧的焦虑感特别有效。

☺演讲前，想象自己成功的样子（见第 69 页"自信力助推器：把人生想象成一部属于自己的电影"），以此来让自己的头脑习惯这样的想法：你一定能顺利完成演讲。

☺如果你曾经因为演讲而感到过恐慌，请使用 ƎACADe 技巧（见第 47 页"用 ƎACADe 法摆脱消极观念"）。挑战你头脑中的消极观念（ANTs），你将会发现自己的很多担心和忧虑都是不切实际的。

☺在重要时刻来临前，准备好能充分认可自己能力的话（见第 40 页"自信力助推器：打造属于你的 CATs"），并且在演讲前的最后几分钟内不断地重复。或者使用 ABCD 的方法（见第 84 页"自信力助推器：用 ABCD 法调节情绪"）。至于使用哪种方法，则完全取决于你自己的个人偏好和在实际中哪个更适合你。

☺在演讲前半个小时左右，我一个空闲的办公室、更衣室或者卫生间的隔间，进行一次口头热身（见第 107 页"自信力助推器：发声韵律操"），并检查自己的呼吸是否正常（见第 77 页"自信力助推器：腹式呼吸，即学即用"）。

演讲时刻的自信表现

对于听众而言，他们不仅要从你的演讲中获得信息，还要对你的演讲感到愉快。无论你的主题有多么枯燥或专

241

业性很强，你都要通过自己个性化的讲述而让它变得更加有趣。所以要记得面带微笑，使用手势来说明关键点，并且注意你的肢体语言（见第4章）。如果你看起来非常享受演讲的过程，那么你的观众也会感到非常愉快。

另外，即使是非常优秀的演讲者，有时也会在说话时犯错误，使用幻灯片时也可能出问题，也会偶尔弄错事实，诸如此类。值得庆幸的是，听众们的注意力持续时间很短，而且常常会陷入思考，所以很快就会忘记你的那些小错误。无论你犯的是什么样的错，你都要相信大多数观众第二天一早就会把它们抛之脑后了！所以，尽可能地对自己能够做此演讲感到自豪吧！

最后，剩下的就是要确保观众不会发现你缺乏自信这件事。当然，你会心跳加速、口干舌燥、手心出汗，但是你不能让观众看到这些。你可以想想某个总是自信满满的人，学学他的样子，演讲时假装自己就是那个人，尽可能久地像一位自信的演讲者那样演讲，你的表现一定很棒！

第 10 章
人际交往中的自信力

你是不是也曾经在聚会或社交场合感到局促不安，不知道该和谁交谈，不知道该说些什么？其实，你并不是特例。许多人都对社交场合感到焦虑，不知如何与人寒暄。即使是那些看起来是聚会上的灵魂人物的人，也会在闯入一个陌生的社交领域时失去安全感，感到不自信。

大多数人都喜欢见到新的面孔，结识新朋友。但是我们渴望社会交往不等于我们天生就擅长这些。幸运的是，社交技巧的确是一种可以掌握的技能。印第安纳大学研究所的贝纳尔多·卡尔杜奇（Bernardo Carducci）教授对数以千计有过害羞经历的人进行了调查。他认为没有哪个人生来就会害羞。这意味着我们可以教授、学习和训练人们建立社交生活中的自信力。下面，让我们来学习 10 条简单的策略，通过它们，你会在社交活动中收获更多美好。

社交活动前的准备

通常，当我们不知道自己将进入何种情境时，恐惧感就会加剧。所以，你应该拿起电话和聚会的组织者聊一聊，或者做一些其他的事情来保证你的社交活动能顺利进行。比如，想想下面的问题。

☺ 活动什么时候开始？在哪儿举行？我建议你准时到达。虽然很多聚会不会太早就热闹起来，但是如果你见到陌生人会感到紧张，那么就到得早到，这样你就能在大部队到达前，单独被主人引见给其他人了。

☺你需要带什么东西过去？你需要带一瓶酒、一些鲜花或者其他的礼物吗？是赶快做一道菜带过去，还是买份甜点带过去呢？

☺那里还有什么人？你能喊朋友做伴吗？如果你在社交场合很紧张，那么带一个擅长聊天的朋友可以给你一些精神上的支持。

☺你穿什么衣服去？保持良好的形象能帮助你提升自信。要事先做好计划，不要在最后时刻才发现自己最喜欢的套装上有个污点，或有些褶皱等。

社交活动从寒暄开始

许多人在社交活动中感到紧张是因为他们不喜欢被他人盯着看。他们担心其他人会嘲笑自己。但事实上，大多数人都在关注自己而没有时间去考虑别人。这样一来，你就能充分利用这一机会了。

在大多数社交场合中，人们都会被那些优秀的"倾听者"所吸引。换句话说，大多数人都喜欢谈论自己，所以，你要多问问人们他们自己的事情，即使是对服务员也是这样。一旦人们开始谈论自己了，你就不会感到那么紧张了。

那么，你该问别人什么问题呢？下次你和朋友在一起时，就要留心记录人们互相之间问的问题。或者评论一下你周围发生的活动、事件或者大环境，然后再把它转化成一个问题。例如，"我从来没有在这家餐馆吃过饭，你呢？"或者"多么华丽的盛会啊！你觉得呢？"当然，我并不建议你不顾场合就向别人提一连串的问题，因为这样像是在审问犯人，而不是聊天。但是，如果在聊天时双方都沉默了，那么事先准备好一些问题就能立刻让你谈笑风生。下面一些开放性的问题，也许能帮你打破尴尬的局面。

☺你是怎么认识活动发起人的？你参加今天这个活动是因为什么？

☺你是做什么工作的？

☺你今早／今天／这周过得好吗？

学会做一个善解人意的聆听者

大多数人都非常喜欢聊自己的事。所以，你最好能通过自己的动作、眼神和话语表现出你对他们所说的内容都很感兴趣。想象一下，如果你在和别人说话，而对方却看着窗外，眼睛转来转去，并且一直摇头晃脑的，你的感觉该有多糟糕。因此，别人说话时，你一定要看着他们的眼睛，偶尔点点头，表示你已经理解了对方的意思，甚至能产生共鸣。避免把手交叉放在胸前（这表示轻蔑甚至愤怒），还要记住在恰当的时刻保持微笑，以此表示自己很享受现在的时光。

一旦开始与人交谈，你就可以通过评论和观察来鼓励他们多说一些。为了显示出你在倾听，可以不时地做些回应，例如，"听起来你的女儿很优秀"或者"能够在雨中坚持跑步，你一定是一个很有韧性的人"。为了继续这场谈话，要问一些开放性问题，不要问仅用"是"或"否"就能回答的封闭性问题。比如，最好问"对于你的工作，你最喜欢的是什么"，而不要问"你喜欢自己的工作吗？"这样的问题，否则对方用一个"不"字就能回答了，谈话也就结束了。同样地，"你在工作之余喜欢干什么？"比"你加入足球队了吗？"或"你有假期计划吗？"要好得多，因为后两个问题都能用"不"或"是"来回答。

学会制造聊天的话题

我有个朋友，不论何时我问他过得怎么样，他都会回答"没什么好抱怨的"。我曾经告诉过他不要这样说，因为这样的回答会立刻让谈话变得令人沮丧和失望，而且我听到的都是"抱怨"这个词，这让我感到将谈话进行下去是一项艰难的工作。当我问另一个朋友"你最近在忙什么？"，她回答"没什么可忙的"。同样，这又让谈话戛然而止。

不管你是在聚会上和一群人聊天，还是在约会中和一个人谈话，你都不能用一连串问题"轰炸"对方。你需要谈谈自己的事。心理学家将此规则称为"互惠"，即每个人在谈话中都要有所贡献。如果你问别人的职业是什么，那你自己就要做好准备被对方问这个问题。但诀窍是，你的答案可以是鼓励对方提出进一步的问题，也可以"诱导"他们谈论自己的生活。

因此，不要给出只有一个字或过分简短的回答，比如"我是一个会计"。试试这些方式："我在大学学地理，但是后来我却不知怎么地成了一个会计。你是做什么工作的呢？"或者"严格意义上来讲，我是一个会计。但事实上我更认为自己是个经历坎坷的艺术家。你的特殊爱好是什么呢？"这些问题既坦诚，也可以帮助谈话双方建立默契，最后还能用一个问题将谈话继续下去。

如果有人问你住哪里，不要说"克拉彭区"，尝试一下这样说"克拉彭区，虽然离最近的火车站非常远，但是离卖非常好吃的酸莓松饼的小面包店非常近"。这样一来你说的话里就包括了很多提示信息，比如"火车站""面包店"还有"酸莓松饼"。这样，你的谈话伙伴就有很多途径来延续你们之间的谈话了。

那么，你该如何回答下面这些常见的问题呢？

☺ 假期有什么出游的计划吗？

☺ 最近喜欢看什么电视节目吗？

☺ 你在工作之余都喜欢做些什么呢？

☺ 最近看了什么好电影 / 读了什么好书吗？

不要勉强记忆一些回答问题的方式，但要对如何回答常见问题有足够的点子。其实，一点小小的准备就足以让你在谈话遇到困难时还能流畅地将对话进行下去。

通过肢体语言表达出自信

如果你怡然自得，就一定会吸引他人的注意。但如果你很害羞或者焦虑，那么人们就不想接近你了。虽然第4章已经说到了如何能通过肢体语言表现出自信。这里我们还是再给你一些提醒。

☺保持微笑和目光接触。人们在注意到你的服装、发型之前就能注意到你的面部表情，而且会被微笑吸引，即使是一个月大的婴儿也能记住一张微笑的面孔，并对微笑做出积极的回应。记住，微笑能引发大脑的变化，使你感觉到非常快乐，即使一开始你并不是真的快乐。

☺注意姿势和手势。如果你肩膀耷拉着，手臂交叉着，你就向别人传递了不想交谈的信息。所以，你要站得笔直，挺起胸膛，避免抖动身体和其他不雅的举动。

聊天时，你要表现出一种"积极倾听"的态度来，表明你很关注对方所说的内容。偶尔点头表示赞同。使用"是的""嗯"和"继续说"这样一些词语，表示你在认真倾听，同时注意表情要恰当。听到有趣的故事时要微笑，而听到

249

别人在倾诉苦恼时要严肃，听到他人发生了意外时要表示震惊，等等。

增加你的谈资

当我们第一次与他人见面时，常常会选一些表面化的话题，比如天气、电视节目或世界上发生的大事等。

没有人希望自己看起来愚昧无知。所以你要每天花一点时间大致看一下新闻媒体报道的事。几年前，我曾建议人们在社交活动的当天买一份报纸看看，但现在我们有了网络，在网上花五分钟就足以在大体上了解现在国内外的新闻和流行文化了。我个人必逛的是 BBC 网站。你也可以找自己喜欢的网站试一试。我并不是建议你浪费时间去认真了解世界上到底发生了什么，而是让你对近期的大事有所了解，这样就足够你和他人简单地聊聊天了。

勇敢地秀出自己

你可以通过打理形象来掩饰缺乏自信的内心，但是假装成另外一个人就不好了。当然，我们是通过发现彼此的共同点来与他人建立关系的，而这只在你与他人之间有共同兴趣时才会起作用。如果你对一个话题一无所知却假装很感兴趣，这只会让你显得像个骗子。

社交中的自信部分上是指能自如地面对自己擅长和不擅长的东西。无论人们问起你最喜欢哪支足球队、哪部肥皂剧、哪本布克奖提名的小说或是其他东西，你都应该如实回答。要么承认自己不知道这些事情，要么表现出一种礼貌的兴趣。比如，你可以说："我其实没有看肥皂剧，你喜欢看吗？"或者转变话题，说"我其实更喜欢惊悚片，你在业余时间还喜欢什么呢？"

不要试图成为一个完人，只有谈及自己真正了解、喜欢的事物时，你才会在社交中谈笑自如。

社交时做到心无杂念

你感到紧张也许是因为你太过于注意自己脑子里想的事情了，所以你应该将注意力转移到周围正在发生的事情上。过于关注自己内心的想法，会让你在倾听周围人谈话时分心。此时你可以利用正念疗法（见 87 页"自信力助推器：正念疗法"）让自己平静下来，并把注意力集中到别人身上，而不是只专注于自己的想法。

从根本上讲，正念其实就是对自己应该专注什么做出选择。或许你已经在这样做了。如果你在接电话时电视还开着，那么你可以将自己的注意力放在电话那头的说话者身上，而不是关注电视内容。另外，如果你在工作而周围人在聊天，你可以选择听他们说话，也可以选择将注意力集中在自己手头的工作上。

与人交谈时保持正念也是同样的道理，只不过这次你要将注意力从头脑内部那恼人的声音上转移到跟你说话的人身上而已。集中精神努力去了解人们的一言一行，避免对正在发生的事情加以评价。如果你注意到自己的想法冒出来了，比如"噢不，我居然说了那种话！"那就赶快忘掉这些想法吧。你要相信自己，大胆表达，而不要评价自己所说的事。研究表明，大多数人集中在你身上的注意力，常常只有你想象的一半。所以要知道，你对自己的评价要远比他人对你的评价更严苛。

在社交活动中始终保持活力

CATs（见第 40 页"自信力助推器：打造属于你的CATs"）对保持活力非常有用。在聚会或社交活动开始前，你需要在这上面花一点时间，这样你就能记住一些积极的陈述来帮助自己提高自信心了。下面这些 CATs 被证明很有效。

> ☺ 即使紧张也没关系，我可以控制紧张感。
>
> ☺ 我是一个很好的倾听者。
>
> ☺ 把注意力集中在与我聊天的人身上。
>
> ☺ 我会走到某个人面前对他说"你好"。
>
> ☺ 很多人都会感到紧张，但我只是想玩得开心而已。

决定你自己的 CATs，然后在赴宴的路上、在脑海中不断地重复它们。当你完成了一段谈话，即将开始下一段谈话时，也要找个机会提醒自己注意 CATs。与此同时，你还要记得照顾好自己的身体，感受自己的呼吸（见第 77 页"自信力助推器：腹式呼吸，即学即用"），确保自己的呼吸正常、平稳。或者使用 ABCD 技巧（见第 84 页"自信力助推器：用 ABCD 法调节情绪"）。

你只需事先做一点准备，掌握一些基本技巧，不久之后你就能够让自己的社交生活充满活力了！

与陌生人打交道的小技巧

要想在与人交谈时变得越来越自信，并不是只能在聚会或大型社交场合才可以锻炼出来的。我们每天都会遇到许多人，却不曾注意过。当你去买火车票或者在超市结账时，你都有机会跟其他人交流。为什么不好好利用这些机会，简单地聊一聊，趁机锻炼自己的社交技巧呢？

努力从别人的角度去看这个世界，哪怕只是一小会儿。面带微笑，向他人问好，问一个问题或者评价一个和他们有关的事情。比如，你在买火车票时可以说："你好，我打赌你会庆幸高峰期已经结束了。你这一上午过得怎么样？"当你在超市结账时，你可以谈一谈自己买到的某个物品："我上周就买了这种甜点，今天情不自禁又买了一

253

份。你尝过这种甜点吗？"

你往往会发现，人们大多很喜欢这样简短的对话。有时候，你遇到的人可能比较安静，也许他们刚轮完班，所以非常累，或者仅仅是很害羞，不擅长交流。但没关系，你又不是想和他们做一辈子的朋友，只是练习一下谈话技巧而已。

为自己设定一个目标吧。也许每天至少与一两个人随便聊聊天就可以了。只要坚持下去，谈笑风生的本领便指日可待了。

第 11 章
约会中的自信力

你选择阅读这一章节很可能是因为你正想和某个人约会或者很想找到真命天子或真名天女，对吧？其实，妨碍人们约会的往往不是先天的东西，没有人生来就擅长约会，或者能够成功地建立起一段关系。妨碍你的其实是你大脑里的东西。幸运的是，我们可以清除这些障碍，帮助你在约会和恋爱关系中收获更多美好。下面这 10 条小诀窍能教会你如何去做。

做了，总会有所收获

你正想约某个人出去，但没信心（或者是没有勇气对邀请你的人说"好的"）。其实你并不是特例，其他人也常这样。只要好好想一想，你就会发现自己真的应该约那个人出来，因为你不会因此有什么损失，只要做了就一定会有所收获。

如果你约对方出来，说不定能发现对方是一个风趣幽默的人。他可能会变成你的亲密朋友，说不定你还能因此收获一段浪漫的恋情，最终和对方喜结连理，同住一个屋檐下，组成一个幸福的家庭，生儿育女，一起周游世界。一切皆有可能。谁能知道到底会发生什么呢？邀请某人约会或者答应别人的邀请之后究竟有多么美好的未来，谁也无法预测。

只有在你邀请对方出来约会以后才能知道答案。如果你连约都没约，那么你就永远也不会知道究竟会发生什么了（如果你缺乏与人谈话的信心，可以依照第 10 章"人际交往中的自信力"中的 10 种方法，逐步建立起自信）。

当然，你也许还在担心邀请某人时会遭到拒绝。你讨厌被拒绝的感觉，但拒绝不会要了你的命。如果对方说"不行"，你又能损失什么呢？什么损失也没有。那个人之前与你的生活无关，现在也同样无关。至少你已经明白了对方对自己没有兴趣，然后就可以继续寻找下一个目标了。

给别人一个机会，也是给自己一个机会

我的一个单身朋友非常明确地说自己绝对不会在网络上和别人约会。我认为这是一件令人遗憾的事，因为至少我的其他四个朋友都曾在网上遇到过非常优秀的人。其中两个仍然与他们从网上认识的人维持着恋爱关系。他们都喜欢尝试新鲜事物，所以一听说有网上约会这回事，他们便说："好的。"

我并不是说你必须要去网上寻找爱情，我只是想说你应该对机会多多说"好的"。不要将自己的思想封闭起来，因为你无法预料浪漫的爱情之花何时会盛开。

参加俱乐部、社团、夜校、戏剧小组、运动小队等，什么事都要去试试看，因为所有的机会都值得尝试。你

必须明白待在家里是不会遇到自己的另一半的。当有人邀请你参加聚会时，要说"好的"。不要担心一个人也不认识。你也许只能结识几个新朋友，而最后可能就是他们把你的命中注定之人介绍给你。如果朋友邀请你去打保龄球、踏青、参加舞会，或者去做其他事，那就只管去做好了。

忽略自己的那些主观臆断，勇敢地接受邀请。如果你注意听广播，或者读一读人们如何遇到伴侣的故事，你就会发现，他们常常都是在各种不寻常甚至是完全始料未及的情况下相遇的，后来却走到了一起。所以，在接到邀请时，要习惯说"好的"。

个人形象的打造有利于自信力的提升

如果你想要变得有魅力，你就先要对自己感觉良好。所以，好好想想该如何打扮自己。现在，社会和媒体都很强调个人形象的打造，比如无论女性还是男性，良好的个人形象会给自己的社交生活增光添彩。但需要澄清的一点是，我并不是建议你改变自己来迎合媒体，因为媒体有时对女性和男性外貌的期望是不现实的。我要说的是，你要对自己的外表和穿着感到自信。当你对自己的外表感到自信时，心里就能变得更自信。因为不去聚会已经有段时间了，那么你可能已经习惯性地为了舒服而穿一些宽松的衣服（心里想着"为什么我非要努力打扮自己呢"），而把最好的衣服留到特殊的场合才穿。但是为什么非要等到那时再打扮自己呢？何不每天都穿上让你感觉自信的衣服？这样一来，你的每一天都是特别的。

所以，把那些旧衣服扔了吧。记住，这并非是要迎合世俗，而仅仅是要保持良好的自我感觉而已。检查一下你衣橱里的东西，问问自己"这件能让我感觉自信吗？"如果答案是否定的，就把它丢掉垃圾桶里，给自己买些新衣服（见第103页"行动起来：为成功打扮起来"）。

无须刻意才最好

关于约会应该是什么样的，媒体为我们提供了许多垃圾信息。我们一般都会认为约会就是两个人穿得特别考究，一边吃着丰盛的晚餐一边聊着天。也许还有轻音乐作为背景，桌子上点着缓缓燃烧的蜡烛。但这并不是约会的真实面目。

当然这也是约会形式的一种。如果你还在摸索约会的方式，那么按照上面那种情景去约会一定会给你带来很大压力，因为你要做很多事情来营造浪漫的氛围，比如准备食物、音乐、布置环境等都会花掉大量时间，两个人却无法简单地享受彼此陪伴的乐趣。所以，还是不要给自己这么大的压力吧！

　　我建议你们在下班后去喝杯酒，或是周末去喝杯咖啡。两个人在小酒馆或者咖啡店里，随意地聊聊天。这样安排起来既轻松，又不会带给你什么压力。压力小了，你自然会放松下来，也因此变得更加自信了。

约会中的谈话技巧

　　当然，约会比起单纯和朋友聊天，或者在聚会上和陌生人交谈，更加让人紧张。但是约会说到底仍然是两个人之间的交流。虽然第 10 章讲了 10 个关于自信地进行人际交往的要点，但你还要确保自己能够运用这些规则。这里还有一些额外的要点可供你参考。

　　夸赞约会对象的外表。大多数人都会为约会的穿着下一番功夫。如果他们知道付出是有回报的，就会感觉好极了。你不必在和对方一见面时就夸奖他（她）。花点儿时间去发现对方身上你真心喜欢的东西，比如服装或者发型，然后在接下来的谈话中自然而然地提到这一点。

　　试着让谈话一直有趣、欢乐地进行下去。谈论在海外发生的一场惨烈的地震或饥荒，虽然是时下发生的事情，但是却不太适合作为约会时的谈资。问问你的约会对象，他们平常喜欢在业余时间干什么不失为一个好话题。也要准备好与对方分享你自己有趣、好玩的故事。

　　寻找那些双方都赞同的话题。这是在约会，而不是辩论会。人们都会被那些与自己有相同观点的人吸引。在政治观点、上帝是否存在或者其他容易引起争论的问题上辩论，不会有助于你们建立融洽和谐的关系，也不会让你们产生对彼此的好感。

注意约会中谈话的分寸

约会的早期阶段有点像工作面试，面试中，主考官会仔细审视你，以此决定是否给你一个固定的职位。同样，约会的双方都在审视彼此，然后决定是不是要进一步发展恋情，这种关系最终可能会使你们成为彼此永久的伴侣。

你在面试时不能告诉主考官自己所有的小秘密，还有你离开之前工作岗位的具体原因等，这些都是不能说的，因为这样会吓坏主考官。所以，在约会时也千万不要做这样的事情。

即使你和某人已经是第二次或第三次见面也要记住自己正在约会呢！这是一段关系的初始阶段。约会不是电视谈话节目，没人会鼓励你谈论以前所有的恋爱对象、最后为什么分手了、你没有魅力的原因或者任何不利于你的事情。无论如何你都要谈论自己的兴趣：你最喜欢的书、电影、电视节目、业余爱好、朋友、旅游过的地方。而且要避免谈论那些不好的东西，比如生病的经历、家

261

庭成员的离世、你有多讨厌自己的工作或者过去破裂的恋情。

即使你还有一些情感上的负担，也要想方法转移话题。约会对象若是问起你之前的情感经历，你该如何让谈话有一个积极的转变呢？千万不要说："他（她）两年前抛弃了我，和我最好的朋友在一起了。而我直到现在才有勇气和其他人约会。"也许你可以说："几年前我和他（她）分手了，具体我不想多说，但是现在我感觉很积极，很愿意结识新人。"

再想想，你还能用什么更加积极的方式去谈论自己的过去呢？

用肢体语言表达好感

约会和单纯与朋友或陌生人聊天是有区别的，差别之一就在于你很可能会喜欢上你的约会对象，并且想要进一步发展。但在约会之初说一些过分夸张、露骨的话并不合适，比如"我非常爱你！"或者"我知道我们才认识几个小时而已，但是我已经可以预见到你会成为我未来孩子的父亲了。"这样是不行的。约会是非常微妙的。在第4章中，我讲到了如何通过肢体语言表达自信。现在我需要你考虑以下如何通过非语言的交流，传达你喜欢对方的信息。做到这些正需要一些肢体语言的辅助。

想方设法地与约会对象有些身体上的接触，当然必须是通过适当的方法才可以。拥抱彼此时，你至少在对方的脸上亲吻一下（如果你们是按欧洲礼节的话就是两下），也许你还可以搂着对方的肩膀，或者在你们走向酒吧或饭馆时，寻找一种微妙的方式碰触对方的上臂。当你们坐得很近时，要想办法触碰对方的手指，递饮料是一个好机会。跳舞也是一个建立默契和联系的好方式，因为跳舞时你们会一直握着彼此的手，而你的另一只手放在约会对象的腰部或肩膀上。

在头几次约会中，不要让你的约会对象对你形成错误的印象，认为你只是想交朋友而已。不妨用人际交往心理学来传递你想要让关系进一步发展的信息。

有好感，就乘胜追击吧

用肢体语言和身体接触表现好感只是开了一个好头，你需要做的不只是这些。由于用身体接触传达的信息微妙含蓄，所以并不是所有人都能准确捕捉到这样的信息。你还是要用语言来表达自己对对方的好感。

你要明白一点：你的想法只存在于脑子里。我曾经观察过那些约会的朋友，他们常常会说"非常明显，我很喜欢他"或者"她不可能认为我对她不感兴趣"。但是，人们往往不会觉察到其他人对自己有什么感受。所以唯一让对方肯定地知道你想要再次见面的方法，就是直接说出来。

当约会结束后，给对方发一条短信、邮件或打个电话吧！我一般会等到第二天早上才这么做，这样就不会显得太过殷切了（除非对方首先联系了你，这时候回复就是出于礼貌了）。用一些积极的话语来说明为什么你很享受这次约会，并且用这样的句子来结尾"我还想让这些美好再来一次，周五你有空吗？"或者"我度过了一段非常棒的时光，但是下次你必须让我来结账。"

千万不要等到最后，你的约会对象还要猜测你到底喜不喜欢他们！

享受约会的美妙感觉

约会不仅仅是为了什么目的，它本身就是一段奇妙的旅程。你的目标也许是结识特别的人，或者是和意中人稳定下来，但你同样可以享受这旅途本身。你遇见了新的人，与一些令人兴奋的人交流，了解他们，还有他们自己周围的世界。或许与你约会的人中，有一些能成为你的朋友，而另一些也许会成为日后你和朋友们一起说笑的有趣谈资。

不要去想约会就是要遇到意中人，解除压力，你就能放松下来，更好地享受约会，表现得更加自信和迷人。而这往往是开启一段浪漫恋情的关键时刻。

边恋爱边学习

　　只有在电影里，你才会看到恋人们久久地凝视着彼此，知道他们是命中注定要在一起的，彼此深切地、痴狂地、充满激情地陷入爱恋中，然后一起步入落日余晖，永远幸福地生活下去。而对于我们这些生活在现实之中的普通人，约会几乎完全是个碰运气的事。我们大多数人都不得不在遇见自己的公主或王子之前亲吻一些"青蛙"。我所有的朋友（也许你认识的大多数人同样如此）都曾有过很多次的约会经历，然后再遇到新的约会对象，最后才在一段恋情里稳定下来。

　　分手、被抛弃或者觉得关系发展得不对劲，这都是常有的事情。所以，接受拒绝也是约会的一部分。可是要记住两点：第一，保持积极向上的精神。被人拒绝的事在每个人身上都会发生（我们都曾有过喜欢某人但是被拒绝或抛弃的经历）。STRAIN 六问对于应对拒绝非常有效（见 193 页"自信力助推器：焦虑六问（STRAIN）"）。如果你感觉很消沉，FACADe 法也会很有用（见 199 页"自信力助推器：做自己的教练"）；第二，要弄明白你可以从约会中学到什么，得到了什么经验教训，下次怎么做会更好。

　　不要让别人的拒绝打击你的自信心。要知道每个人都

265

会有被拒绝的时候。所以，请想象你的一位善解人意的朋友正在回顾你的过往这位最愿意支持别人、最有同情心的朋友叫什么名字呢？在你的头脑中，他或她正在问你下列问题。

> ☺哪些方面进行得很顺利？未来你应该保持哪些做法？
>
> ☺哪方面还能更好些？未来在约会时，你可以做点什么不一样的事？

以一种积极的心态总结约会经验，你会在未来的约会中表现得越来越好。

第 12 章
职场中的自信力

你听说过"关键不是你知道什么，而是你认识什么人"这样的说法吗？的确，工作中的人际关系对于商业成功起到了非常大的作用。无论你是想向上司说明自己的情况而申请加薪，想严厉批评一位同事的表现，想在一项商业交易中达成协议，还是想尽可能地结识新朋友，建立关系网，归根结底都是要建立有效的人际关系。

明确交流的目的

你必须明确自己希望从一次会见或碰面中得到什么。你是想提高自己在团队中的关注度，在会议中与潜在的客户建立工作关系，还是想拓展一位新的顾客？

不管你的目的是什么，都要把它写下来。目标清晰会帮你更好地集中精力，让你在工作中更有成效，从而获得你想要的东西。

从别人的角度看问题

商业成功取决于人际关系。为了建立稳固的关系，你需要从别人的视角去看待你们之间的互动与合作。例如，你正和老板谈话，你认为老板希望听到什么呢？是听你罗列自己不喜欢哪些事情，还是听你说说推动团队胜利的建设性意见？如果你正和一位顾客会面，你觉得顾客更喜欢听你们公司的发展史呢，还是对你如何节约她的时间和成本更感兴趣？

假设你是无线电台 WII-FM 的主持人，你遇到的每个人的额头上都有一个大大的标记，上面写着："电台节目里有什么音乐和节目是为我准备的呢？"当然，你有自己的目的，但是你需要找到一种好方式让你挑选的东西符合他人的兴趣。把自己放到对方的立场去看问题，回答他们的疑问，这样你才能走得更远。而且若习惯了慷慨待人的处事方式，你会发现人们总会义无反顾地来帮助你。

你可以为他人做些什么

把自己放在他人的角度考虑问题是一个良好的开端，但最好的方法还是直接问清楚，对方想要的到底是什么。我并不是说你必须有能力帮助每一个你遇到的人，但是问一问并没有什么损失。你在会议中建立工作关系时，可以问一下所有你见到的人。或许你可以问问那几个经常与你来往的重要人物，当然这里面应该包括你的老板。

老板有他们自己的事情和麻烦。如果你想以正当的理由得到注意，那就问问老板他或她近期在忙什么，你能够帮到什么忙。这样，你不仅向老板表明了你并不是只关注自己手头的事情，还对整体工作的情况有所意识。这种优秀的态度最终会有利于你的职业发展。

打造你的个性标语

商业来往的礼节常常要求你来介绍自己，先向大家问好，再介绍自己的名字。这些倒没有什么新奇的，但是当有人问"你是做什么的"时，就需要花点心思来回答了，想一些"个人标语"或标志性的话再好不过了。简单地说"我是老师"或者"我是做网络广告生意的"虽然很准确，但是它能让人感到兴奋吗？它能激发别人和你谈话的愿望，进而想更多地了解你一些吗？

我的一位委托人曾厚着脸皮笑着说："我是帮企业家们打响名气的"，而不是简单地说他的工作是处理公共关系。我可以说"我是一位心理培训师"，但这也许会招来别人的哈欠，所以我会说"我是一名电视心理学家"。尽管我并不是把所有时间都花在电视上，但这样的说法更加有趣，而且能吸引人们来问问题，想要更多地了解我。

所以，你要给自己打造一个个性标语，它应该对你的听众和对象也是合适的。若想要被认真对待，你就需要给自己一个更重要、更有分量的评价。如果你想激发起原本对此不感兴趣的人们的兴趣，那就要想一些更加诡异离奇的短语。如何用一种更加令人兴奋的方式来介绍自己，而不是仅仅用工作头衔？介绍自己时也要记得微笑，这样可以向他人传递一种平易近人的信息，对方看到这笑容后自然就会想和你交谈了。

见贤思齐

人们常说，没有必要再发明一次轮胎，这句话非常对。如果你身边就有很棒的例子，那你为什么还要舍近求远地去寻找做每件事的最佳方式呢？环顾你的同事和熟人，选出那些大多数情况下做事都能游刃有余的人。他们到底说了什么、做了什么呢？是某种措辞或者某些词语的缘故吗？可不可以拿来为我所用呢？还是他们进入房间时和在场的每个人握手的方式与众不同呢？

你也可以观察一下那些没有得到大家高度认可的同事。他们是不是犯了什么错误，或有什么有失检点的地方？他们做了什么（或者没做什么）才让他人避开他们？

人们是通过观察来学习的，一边从他们的成就中总结经验，一边从失败中总结教训。例如，在某些场合观察别人的一言一行，或在旅途中捕捉灵感。但是千万不要害怕向别人学习。在各种商业情境中，可以有效增强信心的最强有力的工具之一就是用心看和用心听（见前文中"行动起来：见贤思齐"，从中获得更进一步的指导，让你在工作情境中给人留下好印象）。

想让别人注意到你，就多发言吧

你是那类在会议中不太爱说话的人吗？你也许只喜欢在必要时补充些非常有价值的意见，甚至不赞成某些人仅仅是为了受关注而发言。但不幸的是，研究表明，如果你想在事业上有更好的发展，你就必须多发言。

美国加利福尼亚州伯克利大学的心理学家卡梅伦·安德森（Carmeron Anderson）发现，人们对会议中发言更多的人的评价要比那些说话不多的人更高，认为前者更聪明，更富于创造性。由此可见，你周围的人们只能根据你说的和做的来评价你，因为他们无法进入你的脑子里一窥究竟。所以除非你在会上发言，与大家分享自己的想法，不然谁也不知道你有多聪明。这并不是要你为了主导会议而说废话，而是要更多地参与进去。比如，复述一下之前别人的发言，分别阐明与会人员同意和不同意什么，这种做法也可以为讨论做出贡献。或者，当团队遇到一个棘手的问题而停滞不前时，你可以问一些开放性的问题，比如"我们还能想到什么其他方法？"或者"我们以前还遇到过类似的情况吗？"

如果你觉得自己不太会随机应变，那就不妨在开会前做一些计划。你能额外在讨论中提出哪些观点，或者问哪些问题？可以草草地记下你要说的一些关键点，这样你就为自己创造了一个机会，在有发言机会时很好地展现自己的聪明才智。

先做人，后做事

很少有人喜欢开会，大多数人更愿意干实事而不愿坐下来开会。但如果你想要在工作上做得更好，我恳切地建议你多参加会议。但是大多数会议的问题在于，总是有很多人同时抢着说话。如果你是一个相对保守的人，不喜欢与他人针锋相对，那么可能就没有机会发表自己的看法了。因此，你需要努力去开展一些一对一式的会议。

如果有非常重要的同事或大客户需要和你讨论事情，那就试着和他们每个人单独约时间。建议你们两个人可以在一个休闲式咖啡馆会面，或者共度午餐时光。如果你需要见面的人时间非常紧张，那么其实短短 10 分钟甚至 5 分钟也许就足够让你们交换彼此的看法，讨论清楚你们共有的问题了。试试看，你就会发现，进行这种偶尔的一对一式的讨论，不仅会帮你传达自己的观点，而且能帮你更好地理解每个同事和顾客的想法。

将你的目的转变为 SPOT 目标

本章伊始，我就提到过设定目标的有效性。在第 4 章里，我还谈到了 SPOT（即 Stretching and significant，Positive，

Observable，Timed 这几个单词的首字母缩写）目标能更好地激发你的积极性。只有当你的目标是有韧性、意义非凡、积极、可见并且有时限的时候，你才能知道自己在商务会面上是表现得很成功还是需要继续努力。这里有一些与工作相关的 SPOT 目标可供参考。

> 在午休之前，我要向 12 个陌生人介绍我自己。
>
> 下次会议上，我要发言并至少提出 4 个建设性的意见。
>
> 在这次会议结束之前，我要让委托人同意接受一次正式的销售报告。

保持百折不挠的心态

你想不想升职或创立自己的事业？想不想赢得新顾客或者绩效考核第一名？不管你的目的是什么，都要记住，美梦不会立刻成真。

保持前进的姿态才最重要。即使偶尔面对挫折，也要坚持走下去。如果你在一次次不断地尝试之前需要刺激一下自己的神经的话，你可以使用下面这些练习和自信力助推器。

☺充分认识到自己拥有哪些资源可以激励自己，帮助自己恢复信心（见第 163 页"行动起来：开发你的自信源泉"）。

274

☺ 在你最艰难的岁月里，如果你真的感到非常消沉，可以用写作的方法来消除自己的忧虑和烦恼（见第207页"自信力助推器：宣泄负面情绪"）。然后将自己的注意力从烦心事上转移开，从资源列表中选一个最喜爱的活动，或者查看一下你的自信银行中存有哪些宝贵的成就。

☺ 当你的工作处于低谷期时，可以使用 CAT 技巧（见第40页"自信力助推器：打造属于你的 CATs"）来让自己内心那个批判的声音安静下来。

适时总结经验教训

每当你在工作中挺过一个难关时，就要花一些时间来思考自己克服困难的整个过程。一天即将结束时，你可以花几分钟来总结一下，今后如何做才能变得越来越优秀。但是要注意保持平衡——既要考虑成就，也要想到不足。有一种快速回顾事情的方法，那就是思考你想开始做什么、不再做什么和继续做什么。

☺ 这次我有什么事没有做而下次应该开始做？

☺ 这次有什么事进行得不太好，下次不应该再去做？

☺ 哪些事这次进行得非常好，而我还想继续做下去？

行动总比纸上谈兵更见效。所以，你要再回到自己的目标上来，努力运用本章的 10 个小诀窍，这次一定会比你以前做得更好。

275

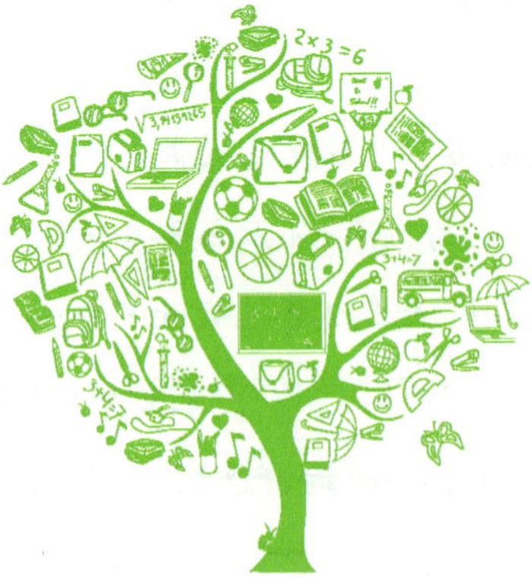
2×3=6

第 13 章
面试中的自信力

许多人发现面试这种非成即败的事情非常让人伤脑筋。然而事实并非如此。任何人都可以在求职面试当中表现得更好。不管你上次面试是什么时候，也不论你之前的面试经历如何，我敢保证你的表现还可以变得更好。

许多年前，BBC 请我主持一个名为《如何得到梦寐以求的工作》的系列电视节目。正如节目名字那样，我帮助那些紧张的人得到了梦寐以求的工作。尽管最初缺乏信心，他们后来还是在面试中展示出了自己的才华。

每当我指导那些求职者时，我总是强调，能否在面试中表现得更自信主要取决于准备和练习。若你完成了艰苦的准备工作，便可以在面试时更相信自己能表现出最佳水平。我将其中的精华归纳为以下 10 个关键步骤。

面试前的充分准备

面试前要做的第一件事情，就是研究招聘的职位信息。阅读信息时最好拿一支荧光笔做标记，挑出关键词和短语，让自己明确雇佣者需要的是什么。

如果招聘广告中提到理想的候选人需要"为管理者安排会议"，那么你就需要讲到自己过去完成这件事（或相似事情）的情况。如果招聘广告中提到需要"具备与客户打交道的专业技能"，你也可以在面试时花点精力讲一讲自己会如何应对不同的客户。另外，在面试中如果描述自己具备诸如"忠诚""外向""有组织性"这些优点时也要特别谨慎，因为你很可能会被问及为何认为自己具有这些特点。

一旦你在面试中罗列了一大堆自己的技能和性格特征，面试官就会问你这样的问题："给我举一些例子，证明你具备这样的技能和特点"。下面这个步骤就可以帮你迅速找到答案。

面试中的自信力

牢记自己过往的成就

面试官会一遍又一遍地询问同样的问题。即使许多问题看起来不同，其实也不过是同一个话题的变形而已。因此可以肯定的是：你不必准备成百上千个问题的答案，而只需记住一些关键的成功故事就可以了。

成功的故事是关于你如何运用技能使其在工作中发挥作用的轶事。老板终归是想找到能带给他绩效的人，因此你的故事需要体现出，在目前或过去的工作中你是如何处理事情的。

讲述成功的故事时你还要确保自己给面试官留下了长久的印象。假如面试官问你"你在团队中表现得好吗？"假如回答"是的"，你能让面试官印象深刻吗？不会的。但如果你与面试官分享了一个成功的故事，例如："我在团队中表现很好。曾经有一次同事病重，其他人不愿意帮她负责会议，而我承担了她的工作。在她不在的那一周里，我比平时多参加了 12 个客户会议。我每天从早八点工作到晚七点，周六早上又回到办公室赶完文案。尽管如此，值得一提的是我并没有损失任何一位客户。"这样说是不是更让人难忘呢？

多花点精力积累一些能体现你在工作中与众不同的故事（我的建议是 8~10 个这样的故事），这样就可以涵盖面试官可能问到的绝大多数问题了。下列问题可能会帮助你尽快想到一些有用的故事。

☺ 工作中完成了哪些任务让你觉得很自豪？为什么？哪些特别之处让你感到自豪？

☺ 你在工作上有哪些技能或天赋？哪些场合可以用来展示这些技能和天赋？

☺ 你遇到过什么样的工作问题以及你是如何克服它的？你都做了什么？结果怎样？

☺ 你什么时候与难缠的客户打过交道？当时是如何处理的？

☺ 你什么时候做过职责以外的事情？当时做了些什么？

☺ 你什么时候在团队中帮助过其他同事？

☺ 在工作中你因为什么而被表扬或称赞过？你做了哪些值得表扬的事？

面试中最常见的10个问题

面试官经常会反复问同样的问题。下面是最常被问到的10个问题。

☺ "给我们讲讲你自己。"

☺ "你对我们的公司有哪些了解？"

☺ "你的优势是什么？"

☺ "你的弱点是什么？"

☺ "你为什么想来我们这里工作？"

☺ "你为什么想要放弃现在的工作？为什么把你上份工作辞掉？"

☺ "我们为什么要雇用你？"

☺ "是什么让你比其他候选人更优秀？"

☺ "你认为未来五年内自己将有怎样的发展？"

☺ "你对我们有什么问题吗？"

下面就到了发散思维的时候了！请简单记一些笔记，写一写你该如何给出答案才能提及自己的技能、品质或经验。那么，你该如何回答上面这些问题呢？

向面试官展现出对这份工作的热情

"你为什么想来我们这里工作？"是最难回答的问题

之一。事实上你可能并不很想为他们工作。或许你同时申请了好几家公司，并乐意为任何一家效劳。或者你可能会直接说"我只是需要一份工作。"但是雇主却希望自己是特别的。世界上每家公司都感觉自己与其他竞争者是不同的。因此，你必须告诉面试官他们想要听到的答案，告诉他们你有多想为他们工作。

"我申请了所有大型会计公司的职位，但我最希望来这里工作，原因是……"

"我申请了好几个市场职位，但是这里是我的首选，原因是……"

"我一直对零售感兴趣，我发现贵公司很吸引人，原因是……"

你的理由要根据你自己的情况来叙述。不论你是崇拜它们的产品或发展速度，还是欣赏它们是家大型国际公司或小型家族企业，只要做好调查就可以了。在公司网站上仔细研究这家企业的组织结构以及它的竞争者，了解这个独特的组织有怎样的企业文化才使得它如此特别。

充分准备，自然应对

你对一项技能练得越多，你就会做得越好。自信地面对面试官也是同样道理。那些多次演练面试问答环节的候选人，总是比那些没有练习过的人表现得更好。

我不建议你死记硬背面试的答案，而是建议你能把要点铭记在心，然后给出精彩的回答，就像是即兴发挥一样。

你可以自己排练。在笔记本上写出一系列的面试问题，然后用手指着本子来选出一个回答。或者在卡片上把可能的面试问题写出来，并将卡片打乱顺序随机排列。然后像面试官那样把问题念出来，自己试着给出答案。当然，和朋友一起练习也会有帮助。将一连串的问题交给对方，或是请对方即兴提问，这样你就可以练习如何应对一个真人了。

棘手的问题也吓不倒你

你可曾有过被开除的经历或健康方面的问题？你可曾在考试中失败过，或者放弃你厌恶的工作？你是否有残疾或在某段时间内无法工作？许多求职者都有一两件不愿谈及的事情。请记得，只是一味希望这样的话题不要被提及，并不是让自己在面试中感到自信的好方法。你最不需要做的一件事就是担心面试官是否会问那个问题。所以，不如花几分钟时间做个准备，记清楚一旦被问到，你该如何回答。这样，在面试官问你"你究竟为何离开上一家单位"

（其实你是被开除的）或者"你还未谈到你的最高学历"（而你还未完成大学学业）时，你已经准备好答案了。

请把答案组织到一起，并用几句话来阐述你的状况。如果你既想要回答问题，又想表现出对这份工作的真诚和热情，不妨看看下面这些例子。

"由于身体原因，我确实需要放下工作一段时间。但是我现在的身体状况非常好，大概一年前我已经恢复了全职工作。现在，我正在努力让自己的事业有进一步的发展。"

"我只在那家公司做了六个星期，因为那并不是我所期望的职位。然而，那是在我职业发展的初期，从那时起我学会了在应聘前要深入了解工作的性质。"

"做那份工作时我被解雇了。但是我们部门的其他两个人也因为裁员而被解雇了。我可以向你保证，我对今天这个职位非常感兴趣，非常渴望在这里重新开始。"

聪明地向面试官提问

在面试的最后，绝大多数面试官都会问"你对我们有什么问题要问吗？"你一定要回答"是的"，因为你若表示没有问题就好像你对这家公司并不真正感兴趣一样。其实，你也可以回答"没有"，但最好这样说："没有，因为我并不担心这份工作会有什么问题，所以我也就不需要再了解什么了。"

避免询问休假、薪金支付或是否要加班这种问题。无论你如何注意措辞，这类问题都会被面试官当作你爱偷懒的证据，他们会认为你更关心能从公司索取什么，而非能够付出什么。因此，不如预先准备一些好问题。

> 工作性质。例如，"当然，我已经阅读了对于这份工作的描述，但能否请您多告诉我一些关于日常工作的信息吗？"或者"我的绩效如何被考评？"
>
> 培训和发展机会。例如，"在这个位置上我能获得哪些培训呢？"或者在合适的时机问："我在这个位置上做了几年之后，会有什么样的机会呢？"
>
> 团队或企业文化。例如，"您如何形容贵公司的文化呢？"或者说"我在网站上了解了贵公司，但能请您简单跟我说一下，您在这里工作的原因吗？"

不打无准备之仗

如果你很容易感到焦虑，不想被这一天的流程弄得灰心丧气，那就要像计划一场军事行动一样对面试做准备。

☺你打算穿什么。保持外套干净、平整，提前一

285

周理发，这样能让你看起来精干些。如果你不确定是穿商务装还是休闲装，那就打电话找人问一下。另外，对于穿着的具体建议，你还可以向朋友求助（见103页"行动起来：为成功打扮起来"）。

☺你的路线和路程用时。应计划提前一小时到达。如果提前到了，你总可以在附近的咖啡馆里看报纸打发时间，这比匆忙赶到却迟到了要强。

☺明确谁会面试你。搞清楚面试官的数量，以及他们的名字和职称。这样一来，当你被介绍给面试官的时候，你就不必担心忘记或是叫错他们的名字了。

☺关于职位和组织有什么样的书面信息。面试之前索要一份职位描述、组织的网站地址或是手册。这样你就不会问那些你本应该知道答案的问题了。

面试前给自己一针"镇静剂"

我在第一部分当中已经讲述了很多可用于提高自信和掌控感的技巧和练习。但是，这里有三个强有力的方法可以专门用于面试。

☺用想象的方法来展现你对面试的期待（见第69页"自信力助推器："把人生想象成一部属于自己的电影"助你提升自信力）。想象这样一幅画面：你在与面试官握手，自信地向他微笑，与别人也有很好的目光交流。面试官在给你提出问题时，你应该一边想象着那样的画面，一边回答，一边表现出开朗和自信的神态。

☺为了在这样重大的日子里展现你的自信，请记录下你过往的成就（见第174页"行动起来：你有过哪些成就"）。

☺在面试开始前，也许是你在接待处等待的时候，要记得用腹式呼吸或者ABCD技巧来去除负面情绪（见第77页"自信力助推器：腹式呼吸，即学即用"和第84页"自信力助推器：用ABCD法调节情绪"）。

展现最好的自己

面试官都希望能够招聘到既能干又友好的员工，而不愿意要一个能干但不友好的员工。因此，你所说的话会深深影响你给面试官留下的印象。

一些专家认为你应该在面试中"做自己"。然而我的建议是呈现"最好的自己"。或许你在老板面前的表现和你在团队成员、朋友或者祖父母面前的表现是不同的，所以在面试当中呈现出你最职业、最友好的一面是非常重要的。

注意肢体语言和语调（参考第4章）。运用你的姿势、形象和微笑。确保面试官认为你很感兴趣，而且你在谈论自己的成就时非常开心。如果你不确定自己的表现如何，找一位朋友进行一次模拟面试，把过程录下来，然后回过头来看一看就能知道了。

在面试中，特别是在面试刚开始的几分钟内，你既要关注自己说了些什么，又要关注自己是如何说的。大量事实证明，许多面试官在面试刚开始的几分钟里就做出了决定。所以第一印象至关重要。要让这第一印象为你加分。

第 14 章
淡定从容的自信力

在生活中做出改变，往往是一件令人畏惧的事。例如，辞掉一份工作、找一份新工作、搬家、建立一段新的关系、离开一种恶劣的环境、创立一份事业、组建一个家庭、克服一种恶习，等等。这是因为人类本质上都是不愿意冒险的，我们不喜欢未知的东西，因而会对变化带来的挑战感到忧心忡忡。我们总在等待一个"合适的时机"，但实际上这种时机永远也不会到来。

如果你需要立刻改变生活的某一方面，那么本章的内容非常适合你。在过去的20年中，有关个人转变方式的研究取得了飞速的发展。因此，我才有幸与你分享有关个人转变10个关键步骤背后的科学道理。

何去何从，左思右想不为过

或许有人会告诉你"尽管去做吧"，好像只要向前冲就能有所改变。但是将自己草率地置于一个新环境中并不是个人转变的最佳方式。研究表明，仔细考虑和制订计划可以让你成功地改变自己。

科学家詹姆斯·普罗查斯卡（James Prochaska）和卡洛斯·迪克勒蒙特（Carlo Diclemente）将此思考阶段称为"沉思"，它是指从不同角度思考未来变化的阶段。他们的研究表明，一个人越懂得沉思，就越容易改变自己，而下面列出的练习恰好可以帮助你训练自己沉思的能力。

首先，从衡量改变的利弊开始。请写出下面四个问题的答案。只是动动脑筋不算大功告成。

☺ 做出改变的好处是什么？

☺ 维持现状的益处是什么？

☺ 做出改变的弊端和代价是什么？

☺ 保持现状的弊端是什么？

一旦你确定了改变与不改变的利弊，你就能确定为了做出改变你需要做哪些事。回答下面两个问题时，依然需要你动手写一写。

☺ 你怎样才能使改变带来的好处最大化？

☺ 你怎样才能使改变带来的损失降到最低？

在笔下思考人生

弄清楚自己该何去何从的好办法之一，就是想象其他人会对你的处境作何评判。比如，你的好朋友会对你现在的处境有什么评价和建议呢？不妨给自己写一封信，描述一下这种两难的境地，并提出可能的解决方案（见第199页中"自信力助推器：做自己的教练"）。不用担心不知道该说什么，只要动笔写，想法自然就会从笔尖流淌出来，这就是写信这个方法的美妙之处。

你到底想要什么

研究表明，比起单纯为了逃避恶劣的环境，人们在追求心目中的目标时更有可能成功地改变自己，而且这种改变也更持久。所以，不妨多花点时间想一想，你心目中的目标到底是什么。

第 5 章提到了许多关于建立目标的建议。很多人都发现，哪怕只是对未来有一种模糊的感觉，也会有助于他们克服困难做出改变。此外，你还要记得在设定目标时，必须用积极、正面的语言。也就是说，这样的描述关注的应该是你希望生活成为的样子，而不仅仅是你想要逃避什么。

你的朋友是救星

约翰·邓恩（John Donne）写过一首诗《没有人是一座孤岛》（*No Man is an Island*）。既然没有人是孤岛，你完全不必独自挣扎，大可以找个朋友倾诉衷肠，告诉他们你遇到了什么事，到底在想什么。简单、清晰地讲出自己的想法，你就能豁然开朗，知道自己需要做什么了。

朋友不仅可以为你提供很有价值的建议，还能让你看到不同的视角。他们的想法会给你惊喜。所以，你应该好好想一想，你的哪位朋友可以在你犹豫不决时支持你（见第 169 页"行动起来：交友需谨慎"）。

人生的黑暗时期会让人觉得无助，但是人类生来就有社交和感同身受的本能。无论是亲自拜访，还是发电子邮件、打电话或者写信，只要做了你都会惊奇地发现，人们其实非常愿意与你打交道。所以，和周围的人聊一聊吧，告诉他们你的经历，然后一起想出对策！

大事化小，小事化了

即便是影响一生的决定，也能分解成许多小步骤。比如，你刚开始从事一份新的工作，你就需要买新行头，寻找上班的新路线，更详细地了解这家公司，以及和老板见面，等等。如果你对伴侣不满意，想和对方分手，那么你就需要先存些钱，还要分配财产，找到新住处，更新邮件地址等。

因此，现在就把要做的事列在纸上吧！一开始，你不要担心该从哪件事做起，或者具体要如何完成它们。只是列出一张单子就可以了，但是事情无论大小，都要列在上面。如果对改变的描述太模糊、不明确，就会让人产生畏惧感。而把大的变化分解成一个个小步骤，你就会觉得即使再大的变化也是可以应付的。

下一步就是制订行动计划（见第5章"行动计划越具体越靠谱"）。你不仅要考虑自己要做什么，涉及哪些人，还要考虑做每件事情的时间和地点。不断地将大的目标化小，直到你认为分解出的每个小步骤都在你的能力范围之内为止。

"Hold" 住情绪

一项重要研究发现，当人们明白自己要经历情绪上的起起落落时，他们更有可能在改变自己的过程中坚持下去。任何一种改变都不能一蹴而就。即使你一夜之间做出了改变，比如向老板请辞，或者一掷千金买了一栋新房，你的情绪依然无法瞬间有所转变。

如果在改变面前，你感到矛盾、混乱、不确定，甚至完全被吓倒了，这些都是正常的。比如，面对新的挑战时，你会觉得好像只有先后退两步才能向前一步（见第8章"生活有起有落，你却始终在进步"）。你会犯错，不经意间又陷入过去的坏习惯中，甚至觉得自己犯了大错，根本没有能力履行计划了。因此，你要一直提醒自己，改变不是一件容易的事。而自信正意味着我们应该为了追求长远目标而坚持做自己需要做的事，无论是否会暂时感到痛苦和不适，都依然要坚持下去（见第1章"主动出击是你唯一的出路"）。

另外，为了渡过难关，你可以为自己准备一个资源丰富的"急救箱"。特别是在你着手大幅度地改变自己之前，就要考虑好如何才能让自己在沮丧时也能感觉好一些（见第 163 页 "行动起来：开发你的自信源泉"）。就像急救箱可以治疗身体上的伤口一样，你也可以准备一个用于心理急救的"急救箱"，未雨绸缪。

改变只有一步之遥

改变自己就像跳伞一样，一旦迈出第一步，剩下的很多事就都顺理成章了，只是一开始有点挣扎。环境几乎不会自动改变。如果你选择什么都不做，也可以和自己达成共识，只不过会一直不开心下去罢了。帮你摆脱现状的人其实只有你自己。

"自信力助推器：破除拖延陋习"这项练习就可以帮你迈出第一步。翻一翻你的行动清单，从中选一个今天就可以去做的事。例如，你想减肥，其实不必花钱去健身房，动一动、走一走就能有很好的效果。如果你想戒烟而且无法彻底戒掉，那就把今天的第一根烟拖到午饭之后再来抽吧！

另外，还要记得把迈出一小步的好处以及裹足不前的坏处都写下来，连同自己的借口和理由一起记录下来，这样你就能直观地看到找借口到底值不值得了。最后，为了庆祝自己迈出了一小步，要给自己一些奖励。

改变其实只有一步之遥，你一定做得到！

坚持比速度更重要

成功地改变自己主要是通过日常生活中的点滴改变来完成的，而不是"大跃进"。同时想做的事情太多，最后反倒会失败。

虽然你有时会觉得前进一小步并不会让你有什么进步，但是人类的所有成就都是时间造就的。例如，刚开始学习一门新课程的时候，你必须接受一开始很难集中注意力的事实。如果你搬出去和新朋友一起住，也要给自己一些时间来熟悉新环境。

在正确的方向上一直走下去比改变的速度更重要。拥有走下去的坚定决心，日复一日地努力，最终你一定会有所收获。正如龟兔赛跑一样，动作慢但有韧劲的乌龟每次都能打败那只速度快但是没耐心的兔子。

新一天，新目标

每天都有所作为才能保持前进的姿态。结束了一天忙碌的工作或是准备睡觉的时候，要记得计划第二天的行动，这样才能让你保持动力。例如，你想找一份新工作，就应该计划好在午餐时间花20分钟浏览报纸来寻找相关的招聘职位。如果你正盼望着从一段破裂的关系中走出来，那么你可以给自己设定一个目标，给八个房地产代理商打电话，看看你是否可以找到新的地方住。第二天，你就要履行承诺，去做计划好的事，然后再为第三天设定新的目标。

毋庸赘述，改变需要时间！奥林匹克运动员也要花上许多年的时间才能让身体和精神达到巅峰状态，人们找到新工作、减肥或从破裂的关系中解脱出来并找到更好的另一半等，也需要时间。但是你只有每天都做点事，才能有进步，也才能确保自己走在正轨上。

那么，你明天的计划是什么呢？

小成就，大奖励

为了保持饱满的动力，请记得为你的成就庆祝。以一种对你很有效的庆祝方式来款待自己、给自己买礼物，即便你不想花钱，也至少要记录下你获得了什么成就，给自己应得的认可。

人们通常认为达成目标本身就是一种奖励，但事实并非如此。你越是为自己的成就庆祝，夸奖自己的所得，你就越有成就感和自信。

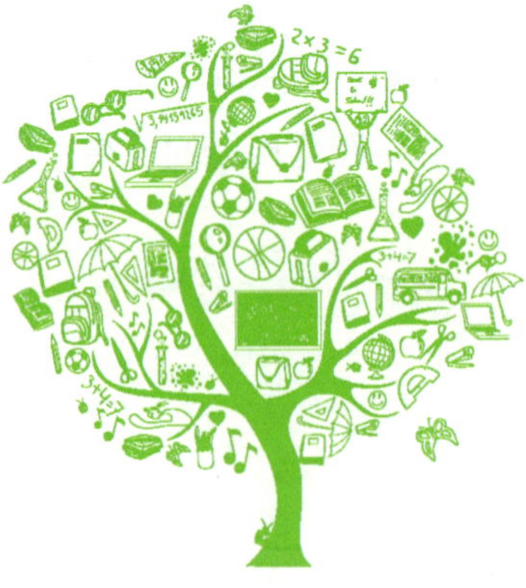
2×3=6

第 15 章
应对冲突的自信力

没有人喜欢冲突，但是生活却必然充满着各种各样的冲突。我们经历的每件事，小到因谁做家务产生的矛盾，大到工作、财务、人际关系等方面的争论，都存在冲突。而当我们面对冲突时，常常无法妥善处理，因为这需要坚定的自信。许多人要么太早就退却了（太过消极），要么太过固执或情绪化（太有攻击性）。在本章中，我写下了10条建议，用于帮助你在极端消极和极端攻击性之间找到一个平衡点，让你学到如何坚持自己的立场并自信地处理冲突。

有些事总是不吐不快

或许你总是那个要包揽所有家务事的人，或许你的同事总是将工作全部推卸给你，因此你正在因为某段关系感到不愉快，或者想要大声说出某个人某些行为不合适，甚至伤害了你。无论处境如何，你一定觉得很矛盾：你一边对此感到恼火，而另一边又不想提起这件事。

那么，你要做的第一步就是要意识到你也有权告诉人们自己的感受。这并不意味着你一定能如愿以偿。要知道人是没有心灵感应的，他们不能猜中你的心思，知道你想要什么，除非你亲口告诉他们。而一旦你说出了自己的想法，你就会发现对方其实很通情达理，并且愿意改变自己的行为，哪怕只是一点点。所以，下定决心去表达你心中的想法吧！我会告诉你如何让这个过程尽可能少些痛苦。

事情无关错与对

你最喜欢的食物是什么？可能是巧克力、一块多汁的牛排、一块蛋糕，或者一些新奇怪异的东西。事实上，我敢保证，一定会有人讨厌你喜欢的事物，无论你喜欢吃什么。对于你最喜欢的电影、图书、电视节目、演员、衣服、旅游胜地这些东西，也是如此。无论你喜欢什么，我打赌一定会有不少人无法忍受它们。

我们每个人都有不同的口味和观点。甚至当我和你面对同样的食物、同样的电影或是同样的任何东西时，我们对它们的感受都有可能大相径庭，但这并不意味着我们谁"对"谁"错"。我们只是观点不同罢了。

人与人之间出现冲突时，意识到事情无关对错无疑是为解决冲突开了一个好头。毫无疑问，冲突双方都会认为自己正确，并且都能解释自己的行为以及这样做的理由。所以仅仅努力说服对方是错的而自己是对的，恐怕不会有效果。相反，你要重新定义情境，并试着把它看成你和对方在一个观点上的分歧。如果你能在提出问题时把这一点牢记于心，那你们将更可能进行冷静且有建设性的讨论而非争吵。

301

"你"或许就是导火索

大多数的冲突或矛盾都是观点不同造成的，而无关对错。请将此道理牢记于心，同时尽量避免谈论你认为对方做了什么或是没做什么。

例如，你可能感觉对方很懒，没有完成分内的家务事。而我也许感觉自己整天都在工作，并且生命太短暂，谁也不该花那么多时间来打扫房子。所以，当你说："你没有做完家务"时，对方就会立刻产生防卫的心态，因为你说的这句话可能在暗指你是对的、对方是错的。事实上，说话时使用"你"听起来更像是控告而非陈述。因此请避免以"你"作为句子的开头。相反，你和对方仅仅是观点不同而已。试着用"我们"来展开对话。例如，你可以用这样的方式提问：我们对于共同做家务这件事可能存在不同的观点，我们可以讨论一下吗？

这样的说话方式听起来就不那么有对抗性了，不是吗？

你的情绪也需要照顾

我们常常被教导要理性、客观，不应该让情绪扰乱自己的判断。但事实却是我们的感受有时非常强烈，因为我们是人，不是机器！用拒绝谈论情绪的方式装作没有情绪，只能让谈话变得更加困难。

在对话中提及情绪的理由之一就是要让对方知道你对事情的感受强度。另一个理由是情绪是无可厚非的。当然，对方可能会很有攻击性，对事实存有异议。但是如果你说："我一想到前几天你对我说的话，我就感到很沮丧"或是"我很生气，因为我觉得你不够在乎我所做的努力"时，就没有人会对你的感受产生质疑了。我不是说你应该没完没了地谈论你的情绪，或者将所有的情绪都宣泄出来，而是当你卷入争论时，不妨谈论一下自己的感受，这才是让你的观点得以理解的好方法。那么你要怎么说呢？"我感到……"或者"我感觉……"？你究竟曾有过什么感觉或者现在有什么感觉呢？说出来吧！

妙语连珠，伸出你的"橄榄枝"

如果你希望能通过谈话改变某人的想法，或者"证明"对方是错的，那么你可能会失望而归。和他人展开一段有难度的对话，最好的方法就是向对方说明你正在试图理解目前的情况，并希望对方也一起来寻找出路。

你可以说："让我澄清一下，我并不想因为已经发生的事情而责备你。我只是想听听你的意见而已，以此来确保我不会仓促做出决定。然后我愿意告诉你我对现状的看法。接下来我们能否一起讨论一下如何解决目前的问题？"

303

你还可以说："我觉得，你越来越不顾及别人的感受了。我知道我的看法比较片面，并没有考虑到你的观点。那么能否告诉我你的想法，让我有新的视角？"

通过这种说话方式，你澄清了自己并不是在责备任何人。你不仅认识到了自己的观点是片面的，而且在邀请对方参与进来，而不是在攻击对方，或者认为对方做错了而应该改变其行为。

你要乐于做"捧哏"

一旦你发出邀请，表示愿意倾听对方从自身角度进行的阐述，你就会发现大多数人早已做好了谈论的准备。但其中的挑战是你要确保自己能够认真聆听，并且能够全神贯注地关注对方，而不打断他们。

为了能够完全理解对方的观点，你可以利用下列问题来稍微鼓励对方继续讲下去。

☺ "你是如何看待这件事的？"

☺ "你对此的感受如何？"

☺ "告诉我，为什么这对你来说很重要。"

☺ "你能否告诉我，为什么我们非要下这样的结论呢？"

提问时，你可能会发现对方的言论完全不合理，甚至根本就是错的。但是你却需要避免对此做出任何回应，因为你的目标只是提问和倾听而已。

许多时候，人们发生争执就是因为他们感到对方没有真正在听。如果你可以保持安静地让对方讲话，那么这次谈话就会富有成效。如果你中途打断对方或试着解释自己的观点，为自己做过的或没有做的事辩解，那么谈话双方说话的声音就会越来越大，最后使谈话演变成了争吵。

对他人感同身受

倾听并不完全是一件被动的事，它同样需要你积极地参与进去。你不仅需要听清楚对方所说的话，还要弄明白对方表达的情绪。即使你不同意对方的观点和烦恼，也还是要让对方知道你明白他的感受。

因此，如果有人说"我太生气了"，你就可以试着做一番解释，然后这样说："我刚才没有意识到，但我能感觉到你现在的确非常生气。"如果某人说："你似乎并不理解我的压力有多大。"那么你就可以说："我过去没能理解你的那种感受，但是现在我可以理解了"。

记住，我们是有情感的人类。即使我们可以假装没有感受这回事，但实际上，只有当我们了解了其他人的感受，才能进入问题的核心。特别是对方一次次地重复同样一种信息时，要将此作为一种信号，提醒自己还有许多事需要去了解。

坦率表达自己的感受

只有当其他人讲完话时，你才可以开始讲述自己的事。请记住，没有人会读心术，如果你感到失望、愤怒或是沮丧，你需要把这种感受说出来，而不是期待对方根据你的弦外之音猜出你真正的想法。

到目前为止，你虽然已经给了对方很多机会来谈论目前的问题了，但还请直率一些，不要只是自顾自地说下去，还一心期望对方能够凭直觉了解到你的言外之意，因为这是不可能的。

另外请记住，你只了解整个事件的某一方面而已，所以一定要这样讲"我感觉你……"而不是直接说"你……"。或者当你想表达自己的观点时，就要说清楚那只是你的个人观点而已，比如"我觉得……"或者"我认为……"。

讲完话时，你还要确定对方真的理解了你说的话。你可以说："我知道我说了很多，可能很难消化。你听明白我的意思了吗？"

邀请他人一起解决问题

你的朋友弄坏了你珍爱的首饰，你的另一半也刮伤了你的爱车，连同事也让你很失望。无论如何，过去已无法改变。我们唯一可以做的就是想办法继续前进，要么解决当前的困难，要么采取措施保证以后不会重蹈覆辙。

因此，你需要进一步邀请对方参与进来，比如对对方说："目前我们已经讨论过发生的事了，那么下一步该怎么做呢？"

如果你给了对方充分的机会来讲话（表现出你理解他们的观点），几乎可以肯定的是，他们此时更愿意理智地讨论接下来要做什么。如果你发现你们之间的争论又一次变得激烈了起来，请返回第六步和第七步，再多问几个问题，了解对方想表达的感受。然后你才可以继续进行谈话，才有希望找到解决冲突的方法。

火药味十足，不妨按下"暂停键"

当然，主导对话的人不可能总是你。有时，其他人也很想告诉你，你有哪些事做得不对或让他们感到不舒服。如果是这样，那就去听听他们究竟要说什么吧。直到他们说完了想要说的，否则不去打断，也不要急于为自己的行为辩护或解释。一旦有什么听不明白就立刻询问对方，否则就在一旁静静地听着，让对方一吐不快。

在他们说完之后，立即说上一句"谢谢你和我分享这些。一下子听到这么多东西，我需要好好思考一番才能回复你"，或者说"我感到很吃惊，因为我竟不知道你有这样的感觉"。之后，你们可以在同一天或者几天之后（如果这是件重要的事情，你就需要认真思考它）再讨论一次。这可以给你足够的时间来理顺想要说的话。

第 16 章
健康带来的自信力

许多人都希望自己更加健康、健美，对自己的身体充满信心。也许你现在需要长时间工作，吃的东西太多（或者吃的东西不健康），也尝试过少吸烟、少饮酒，想减肥，变得更健康一些，让自己对外表更满意。告诉你个好消息，无论什么时候开始做这些事都不算晚。

我在攻读心理学学士学位的时候，也在布里斯托尔大学的健身馆当教练。到我攻读博士学位的时候，我已经给人们上了几百次健身课了。他们的年龄、身材和体型都不尽相同。所以，如果你想变得更健康，对自己的身体更有信心，那就要相信我，认真阅读这一章节。

减肥、健美不能一蹴而就

也许你想吃得更健康，少喝酒，长体力，更健壮，减脂肪，长肌肉，甩掉"游泳圈"，或是让手臂更健壮，无论你的目标是什么，记得成功都需要假以时日。改变习惯和身体需要日积月累。

许多人都因为改变的速度不够快而感到失望。尤其是有的人一直在努力减肥却感到毫无进展。但是许多变化都是非常微妙、难以察觉的。例如，刚开始锻炼的人在减掉脂肪的同时肌肉也会增加，所以他们的体重会保持不变甚至略有增加。然而好消息是，他们全身每一处都在慢慢减重，比如腰、臀、腿等。所以，如果你正在朝着健康和健美的目标努力，想对自己的身体更有信心，那么一定要记得这个过程是需要时间的。

小目标，大收获

大部分健身房的教练都会告诉你每周需要运动多少次、运动的强度是多少以及每次运动需要多长时间等。当然，这并不是健身的唯一途径。所以，不用理会他们，听听我的建议吧。

研究表明，你其实不必在健身房花很多时间来通过减肥重塑对身体的信心。你可以先放轻松，再通过为自己设立下面这些小目标来温和地拥有一种健康的生活方式。

☺上班时走楼梯。

☺午餐时间离开办公桌，轻松地走上 10 分钟。

☺周六下午玩玩飞盘游戏。

☺跟随你喜爱的快乐音乐在卧室跳跳舞。

☺去超市买一盘水果沙拉，以此来取代午后的巧克力棒。

☺每几周用一个晚上的时间逛逛博物馆或画廊。

☺在你喜欢的电视节目的广告时段做 10 个俯卧撑或仰卧起坐。

☺提前一站下公交车，走完剩下的路。

　　这点点滴滴的付出积累起来就会让你大有收获。我们的身体构造就是无论多么轻微的运动量都会燃烧热量。所以，走几个台阶可能看起来收效甚微，但是如果你在第一周每天走一次，第二周每天走两次，第三周每天走三次的话，那么这些努力就会有成效。渐渐地，为自己设定的小目标越来越多，几个月以后，你会惊奇地发现自己的变化竟是如此之大。

　　如果你想改变健康的其他方面，同样也要循序渐进。例如，你可以考虑如下小目标。

　　☺每天少喝一杯咖啡，口渴就用水来代替咖啡。一天只是少喝一杯而已，应该不难做到，对吗？

　　☺每天保持几小时内不吸烟。例如，如果你经常在上午出去抽支烟的话，那么就努力在上午10点到下午1点之间不吸烟。

　　☺喝酒时，喝到第三杯就要用不含酒精的饮料来代替，以此逐步减少酒精的摄入量。如此持续几周的时间，试着将其他酒精饮料也替代掉。或者每当轮到你付钱的时候，你都买不含酒精的饮料。

　　此刻你能立刻去完成哪些小目标呢？

蔬菜，蔬菜，多多益善

　　不管你的目标具体是什么，多吃蔬菜总没有错。与其费力节食、不吃东西，或者避开某类食物，不如选取温和的方式，增加蔬菜、豆类和水果的摄入量。英国政府提议，我们每天吃的蔬菜水果应该为五份的量。一份是指你凹着手能够舀起来的量。一个苹果、一根香蕉或一个芒果就是一份水果的量。几勺豌豆、西兰花或者胡萝卜也是一份。

对大多数人来说，几份水果就足够了。但是蔬菜，你吃多少都不会错。蔬菜的含糖量比水果低，并且含有促进人体排毒的纤维。虽然蔬菜所含的卡路里少，但能迅速让我们吃饱，并保持长时间的饱足感，使我们少受那些不健康零食的诱惑。而且，你吃多少蔬菜都不算过量。有些国家甚至建议人们一天要吃 7~9 份的蔬菜水果量，毕竟大量摄入蔬菜是没有什么害处的。

至于其他食品，请选择健康食品，而非为了控制体重或卡路里而设计的食物。例如，油炸土豆片是"低脂肪的"，或者说只含有一点热量而已，但实际上它不是健康食品，对吗？

众人拾柴"信心"高

我们很容易习得周围人的习惯和态度（无论好坏）。例如，研究结果显示，单单认识罪犯，就会使人们更有可能去犯罪、被逮捕。就连肥胖也会传染。研究表明，我们认识的临床肥胖症病人越多，我们自己肥胖的可能性就越大。

所以，若有人已经达成了你的目标，那就想办法和那样的人相处吧！比如，你正在戒烟，那么就要试着多花点时间和不吸烟的朋友们相处；你想减肥，那就要多多与那些已经减肥成功的人在一起。

当心，有些人会让你止步不前。他们会对你说"不，你不用改变"或者"你现在这样就很好"。但是更多时候，他们只是在诉说自己的感觉而已，而没有真正从你的利益出发。他们可能会因为你要做出的改变而感受到威胁，或者为了让自己感到愉快而去阻止你。因此，你要努力去找那些思想开放、愿意支持你的朋友，只有他们乐于接受你为自己勾画的美好愿景。如果你真的想改变健康状况、瘦身或者找回对身体的自信，同样可以参看第6章"他是损友还是益友"一节。

最后，你还要与真正关心你的好朋友分享你的目标。心理学家发现，我们会不自觉地尽量使自己的行为与向他人诉说的内容保持一致。所以，如果你将自己的目标告诉其他人，那么你就更可能实现它。例如，你跟朋友们说你想减肥或是想戒烟，他们就会提醒你要遵守承诺，一直督促你，并在你面对诱惑时提醒你。

愿景就是发动机

在第5章我谈到过拥有愿景的重要性。愿景是你梦想中的生活图景。创造愿景之所以是个绝妙的办法，是因为它能帮你在几近放弃的时候重新振作起来。所以不妨花几分钟写一写如果你能达到强健体魄、瘦身健美的目标，你未来的生活将会怎样。

研究表明，那些设置消极目标的人（如"我想把肥肉从肚子上弄掉"）比设置积极目标的人（如"我会变得很苗条，这样就能穿上那件美丽的衣服了"）更难成功。因此，你要保证自己的愿景都是关于你将感受到的积极想法、你将参与的活动、你将和朋友展开的对话，以及即将从他们那里获得的赞美，等等。描绘出你心目中的未来并把它写下来，这将会帮助你降低陷入恶习的可能性。

然而，愿景只是激发动机的工具，只有行动才能让你达成目标。所以你要采取行动，有切实的步骤，哪怕只是设定很小的目标也能让你朝着目标迈进。

提升自控力

无论开始时我们的意图有多好，随着时间的流逝，我们都会变得缺乏意志力。像许多人一样，如果我知道家里有薯片或巧克力，我就一定会把它们吃光。所以，不吃零食的方法之一就是根本不从超市买零食。

把橱柜里面的不健康食品都清理出去，而不要只是把它们放在橱柜的里侧，因为你还是很容易就能获取它们。

315

不妨吃过一顿丰盛的正餐后再去逛超市，这样能让你感觉很饱，也就不容易被不健康的零食诱惑。另外，计划一下未来几天里你要做什么饭，并列出一个清单，这样能让你吃得更好，只吃健康的食品就能感到很满足。另外，就算在家里突然想吃零食，至少你的手边也不会再有任何不健康食品了。

当然，如果你想戒烟或戒酒，道理也是如此。想多做运动，那就找一个可以和你同行的人，一起做个规划，或许下承诺都将让你更有可能完成目标。

我们吃得太多是因为我们没有意识到自己正在做什么。许多人喜欢在看电视时吃东西，或者和朋友在一起时，因为沉迷于谈天说地而饮酒过量。解决这一问题的一个好方法就是，只在我们能够全神贯注的时候吃东西或饮酒（这一条和正念的概念有关，见第 3 章"正念疗法帮你清除杂念"）。

当你想吃东西时，就关上电视。不管你吃的是什么，都请注意你到底在往嘴里塞什么东西。不管你是在吃巧克力棒还是在吃零食，都要慢一点吃。吃东西的时候不可以慌里慌张，或是边走边吃。安安静静地坐下来，将注意力集中在食物上，就好像你之前从未吃过这种食物，然后细细品味，细嚼慢咽，注意食物的香味，感受口感有何不同。当然我们都想和家人一起吃饭，但偶尔单独吃东西也能帮我们重新了解到应该如何品尝食物，这也能帮我们减少饮食量。

喝酒时的道理亦然。不要在嘈杂的酒吧里或是朋友聚会上喝酒，因为那时喝酒并不是你的关注点。只有小口啜饮，细细品尝，品味酒的香醇，你才能体会酒带给你的感受。

减慢饮食和饮酒的速度。一旦决定只在能够专注于饮食和饮酒的时候再去吃东西、喝酒，你便会发现自己的饮食量和饮酒量自然而然就小了许多。

杂志才是毁掉你自信的哈哈镜

一些研究表明，我们看的电视和杂志内容会影响我们对自身的态度。美国南加利福尼亚大学的心理学教授茉莉·阿尔布莱特（Julie Albright）完成的一个研究表明，那些常看美容整形电视节目的女性对自己的身体感到更焦虑。所以，你千万不要去看那些节目！

类似的研究还发现，无论男女，只要看了那些拥有完美身材的人的绚丽照片，对自己身材的印象都会变得更糟。无论你是在读《时尚》（*Vogue*）还是《男性健康》（*Men's Health*），请记得，照片上的模特们都是花了大量时间来化妆，被顶级设计师打扮一番，然后才让世界级的摄影师拍照的。最重要的是，他们的照片都是修过的。例如，腿修长了，皱纹也去掉了，女人的胸部修得更丰满，睫毛也被加长了。计算机技术甚至会把男人的肱二头肌变大，下巴

317

变方。所以，少看一些时尚杂志，你就会对自己和身体有
更切合实际的预期。

别为自己选错礼物

心理学家都知道，改变个体行为的最佳方式就是去奖
励恰当的行为。惩罚并不是十分有效，所以不要打击自己，
要想办法奖励自己取得的进步。

那么，当你取得了较大进步时，你该如何为自己庆祝
呢？例如，给自己买张 CD，买一个自己中意的小物件、
一件衣服、一张电影票，或者和好朋友共度美好的夜晚。
总之，奖励是必需的，但我建议不要用食物和饮料来奖励
自己，那些你正在回避的东西都不可以被当作奖品。

假如你正在减肥，奖励自己一块巧克力蛋糕就会让你
在潜意识里认为巧克力蛋糕是合适的、不受限制的。也就
是说，你在大多数时间里都在拒绝某些食物，而在其他时
间里却又对这些食物大快朵颐，这样你就给了大脑太多混
杂的信息。因此，用体验或礼物来奖励自己，而不要用食
物或饮料。

为自信做加法

在理想情况下，我们每一天、每一周都能取得进步，

而从不会跌倒或踌躇。但是我们都是真实世界中的人，特别是当我们感到有压力或疲惫时，就会屈服于诱惑。就像前面提到的那样，不去体育馆锻炼，抽上一根烟，吃点不健康的零食，或者做点什么不应该做的事情，等等。

发生这些事时，有些人会打击自己，陷入"我是失败者""我失败了"或者"我弄砸了"这种困境。其实，你应该试着用不同的方式来看待这个问题。如果你告诉好朋友，某天你实在是懒得做运动所以没有去体育馆，那么对方会说什么呢？你这位最要好的朋友一定不会对你说"你是个失败者""你永远都无法达成目标"或是"你已经毁了自己的节食计划，所以还是放弃吧"。所以，你也不要太过严厉地批评自己。

一些研究表明，过失和磕磕绊绊甚至可能是有益的，因为它们能帮助我们想出新的对策，对错误进行纠正。因此，与其计算自己失望的次数，不如计算自己成功了多少次。例如，一个星期内你多半是在吃健康的午餐和晚餐，而只是周五的晚上狼吞虎咽了一番，那么就请记下你健康饮食的次数。

犯罪感和羞愧感都不是健康的情绪。过去的都已经过去了，你不可能回到过去改变历史，所以你能做的只有关注今后还能做什么。

向前看吧，不要回头。这样做你就能不断取得新的成就！

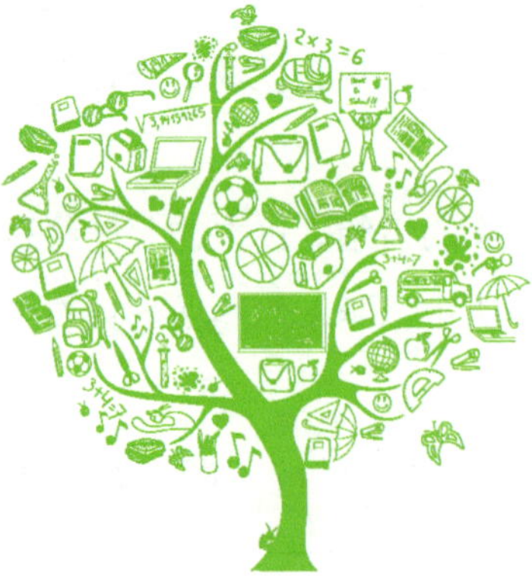
2×3=6

第 17 章
将自信进行到底

揭开自信力的神秘面纱

本书的前 8 章为你提供了增强自信的完整指导，让你每天都能朝着目标前进。我强烈建议你认真使用这些章节的内容来使自己的生活发生持久的变化，但有时你也需要在很短的时间内迅速增强自信心。例如，当你只有几个小时或者几分钟的时间去筹备一件让人备感压力的事，而不是几周或者几天时。

因此，我将在下面为你提供 10 条非常有效的方法，帮助你快速平复负面情绪，提升自信心。其中有一些方法已经在本书的其他地方深入阐述过了，而有些则完全是新内容。其实，在紧要关头，仅仅利用其中的一两条足矣。

将你的价值观用白纸黑字确定下来

心理学家研究过许多改善人们自我感觉的方法。其中一种成功的干预法就是将个人的价值观写下来。当你再想变得更坚定的时候，就可以试试这个方法。

用至少五分钟的时间在纸上写出你的价值观，写一写什么对你来说才是重要的。不要担心语法和书写问题，或是强迫自己必须写完整个句子。你只需想一想对你来说谁最重要，你最想达到什么目标及其原因。如果可以，请花 10 分钟专注在这件事情上。

然后，就在快写完的时候，多花一两分钟的时间来写一写自己当天的行为与自己的价值观和目标是否相符。这样，你就能鞭策自己立刻去做应该做的事。

一呼一吸，平复情绪

腹式呼吸是平复情绪的最简单的方法（见第 77 页"自信力助推器：腹式呼吸，即学即用"）。缓慢、深深地将一口气吸入腹部，然后再将它吐出去。关键在于要全神贯注地呼吸，心无旁骛。你脑海中也许会浮现出一些焦虑的想法，但大多数人都是这样的。你的目标就是避免与这些想法纠缠下去，只需将注意力集中在呼吸上即可。

如果可以，找个安静的地方，专注于缓慢而深沉的呼吸 5~10 分钟。例如，买一杯咖啡然后独自坐一会儿；找一间空房间，把自己关在房间里；或者是在餐馆里找个安静的角落一个人待着。你也可以把耳机带上假装在听音乐，这样就不会有人打扰你了。即使周围有人也没什么关系。虽然你还是能听到他们小声的交谈，但你只需把注意力放到呼吸上就好。如果闭上眼睛能帮你集中注意力，那就闭上吧。将你的意识完全放到呼吸上面。几乎可以肯定的是，你会发现自己感觉更平静、更专注、更能面对生活中的挫折。

唱唱跳跳，快乐常在

找一首你最喜欢的积极向上的歌曲。最好是大多数歌词你都记得，而且是快节奏的歌曲。把它放到你的随身听里，刻录到 CD 上或者用别的方法，只要能在你需要增强自信时触手可及即可。当你需要调整心情时，就把这首歌曲拿出来听一听。如果你独自一人没有其他人会听到，那么你还可以跟着它一起唱。

运动能让你的身体得到释放，产生一种让人感觉很棒的化学物质，即内啡肽，这就是为何我建议你来回摆动手臂，扭起臀部，让自己跟随最喜欢的歌曲跳舞的原因。如果你工作的地方是开放式的办公室，那你至少可以藏到洗手间的小隔间里，戴上耳机，晃着脑袋，用手打拍子。

你就是自己的培训师、教练和啦啦队长

研究表明，你可以做自己的培训师和教练。

假设你有一位私人培训师、教练或啦啦队长在鼓励你前进。他或她会对你说些什么呢？如果可以，不妨花几分钟写下几个让你有动力的句子（见第 40 页"自信力助推器：打造属于你的 CATs"）。即使手上没有纸笔，你也可以在心里想象这位教练会对你大声喊哪些加油口号。

这个技巧大概是我最喜欢的一种。我曾在大型演讲之前使用过这个方法，当我在健身房里精疲力竭需要激励自己坚持到底时也使用过它，在遇到困难找不到解决办法时也用过。为什么你不试试看呢？

学会自我鼓励

拿出一张纸，在纸上写上 1~20 的数字作为序号，然后再写下对自己的 20 个积极评价。例如，你可以写下自己感到自豪或是被称赞过的性格特点，比如善良或诚实、灵活或忠诚、乐于助人的天性或艺术气息。

你在生活中的成就和成绩也应该有所提及。这里指的成就是从广义上来讲的。不要将成就局限于工作。如果你有好朋友、体贴的伴侣、亲近的兄弟姐妹等，要记得这些也是成就，因为许多人并没有这些在你看来理所应当的美妙关系。

如果有帮助，你还可以用如下句式促进思考。

☺我是……

☺我有……

☺我感激……

☺人们可以依靠我来做……

写下对自己的 20 个积极评价可以帮你排除对自己的非建设性的想法。在第 5 章和第 6 章中，我曾建议你去做一项列出自己优点和成就的练习（见第 121 页"行动起来：说出你的优势"和第 174 页"行动起来：你有过哪些成就"）。我的建议是，这项练习应分阶段进行。如果先回顾自己在之前练习里写下的内容，那么就可以用当时写下的内容来激励自己，之后再写下 20 个对自己和生活的积极评价。

325

锻炼身体能够消除负面情绪

我攻读博士学位的方向是运动与健康心理学。我曾经和精神病学院的大卫·赫姆斯利（David Hemsley）教授一起做过一个实验，考察肢体运动对个体心情的影响。令人惊讶的是，我们发现仅仅一学期的运动，不仅能削弱诸如焦虑和抑郁的消极情绪，还能增加积极情绪，比如快乐和兴奋。

想想便可以明白，许多负面情绪都与身体有关。当我们安静地坐着或站着时会哭泣、忧郁、焦虑或感觉自己很糟。而当我们慢跑、原地跳跃时却很难感到失落沮丧。因此，如果你想提升自己的信心，那就去健身房锻炼、慢跑、踢足球、上瑜伽课或者骑自行车吧！

但是，即使你不能以运动的方式来改变情绪，至少也应该花几分钟时间提高心率，比如原地弹跳，轻快地走几步，上下台阶几次。花10分钟做些什么，让自己心跳得更快些。研究表明，几乎可以肯定的是，只是这样做就能让我们对自己的感觉更好。

请给自己10分钟的"担心时间"

如果你脑子里面会充满焦虑的想法，反复想一些可怕的事情，并担心未来的话，就拿出一张纸和两支不同颜色的笔，或一支钢笔和一支记号笔，可以给自己10分钟的"担心时间"。

开始时，设置一个计时器来记录时间，在笔记本的最上面写下时间，这样，你就不会因为失去对时间的掌握而过分担心了。接下来花10分钟的时间全神贯注在你所担心的事情上。把每件让你担忧的事都写下来。你随后可以撕掉它，没有人会看到它，所以每个小细节都要记录下来，不管这对于别人而言多么微不足道。

时间到了，焦虑的想法就要跟着停下来。现在回过头来看看刚才写下的文字，用下划线或荧光笔标出哪些事是可以独立处理的，然后至少写出三个今天、明天或下周你为此可以采取的行动。如果你发现自己又开始烦恼了，就要提醒自己，担心已经足够多了，能做的事也都做了。

在第6章中，我讲到了担心也有有益和无益之分。"担心时间"就是允许你暂时做无益的担心，而写下一些实际行动则能让你放下心来，告诉自己即使担心也仍然会采取行动，尽力而为。

ABCD 技巧帮你控制情绪

ABCD 技巧（见第84页"自信力助推器：用 ABCD 法调节情绪"）是平复情绪、驱除焦虑感最有力的技巧之一，但熟练掌握这一技巧需要练习。

这四个步骤在第3章里面已经有所描述。这个技巧的精妙之处在于，你不需要努力逃避自己的感受、压抑它们或者假装它们不存在。因为我们的感受是无意识地传达给我们的信息，所以值得我们通过承认"我很担心"或"我很愤怒"来予以关注。

　　一旦你承认了自己的感受，就要把注意力从感受转移到呼吸上，缓慢地做深呼吸，只关注腹部的一起一落或是呼吸时鼻孔进出的空气声。然后面带微笑，可以无声地轻笑或是大声笑。这样你就会有很棒的感觉，也能决定接下来该怎么做了。

感受是感受，你是你

　　当我们感到受伤、焦虑、害怕或愤怒时，我们就会胡思乱想，想要逃避某些事物，横冲直撞，或者做出许多不当的行为。但是作为一名心理学家，我的工作正是帮助人们将自己与其想法和感受区分开来。你有想法，但你和想法是两回事。你有感受，但你和感受也是两回事。你的本质与想法和感受是分开的。

　　因此，如果你感到筋疲力尽，想要变得更自信，那就试着对自己说："我有想法，但我不是我的想法；我有感受，但我不是我的感受。自信来自于行动，我选择采取行动。我可以集中精力做任何我想要关注的事……"然后再告诉自己想要对哪些任务和目标感到更自信。

328

反复读一读，大声说出来，思考这其中的含义，这样做可以让你与自己的负面想法和感受保持距离。

小憩片刻

大脑中的杏仁核扮演着人体警报系统的角色，提醒你需要注意周围的状况。当你不知所措时，你的杏仁核一定也很疯狂。然而，你可以重新调整大脑中这个很难驾驭的部分，通过反复做一件事让它平静下来。例如，从以下事情中选一件做上 5 分钟。

☺拿出一张纸写下你家的样子。

☺拿起一部词典，抄写 10 个你从未用过的单词的解释。

☺在心里做计算题，从 102 开始减去 6，一直减到 0。如果你还没有感觉好一些，那就从 104 开始减去 7，一直减到 0。

这个技巧的关键在于你要集中注意力。当然，负面的想法仍会不时从头脑中冒出来，但是你会发现它们对你的控制力越来越小了。

如果你还想阅读更多关于杏仁核的知识以及让它平静下来的方法，那就看看我的另一本书《人格：释放你潜藏的力量》，里面有一章是关于情绪弹性的，还有其他很多关于利用个人优点创造成功生活的建议和指导。

版 权 声 明